建筑工程职业技能岗位培训图解教材

砌筑工

本书编委会　编

U0264188

中国建筑工业出版社

图书在版编目（CIP）数据

砌筑工 / 本书编委会编 . —北京：中国建筑工业出版
社，2015.12
建筑工程职业技能岗位培训图解教材
ISBN 978-7-112-18597-9

I.① 砌…　II.① 本…　III.① 砌筑—岗位培训—教材
IV.① TU754.1

中国版本图书馆 CIP 数据核字（2015）第 250490 号

　　本书是根据国家颁布的《建筑工程施工职业技能标准》进行编写的，主要介绍了砌筑工的基础知识，建筑识图与房屋构造基本知识，常用的砌筑材料，常用的砌筑工具，常用的砌筑方法，砖的砌筑，小型砌块的砌筑，挂瓦及地下管道排水工程的施工，施工质量通病及冬、雨期施工的注意事项等内容。

　　本书内容丰富，详略得当，用图文并茂的方式介绍砌筑工的施工技法，便于理解和学习。本书可作为建筑工程职业技能岗位培训相关教材使用，也可供建筑施工现场砌筑工人参考使用。

责任编辑：武晓涛
责任校对：李欣慰　赵　颖

建筑工程职业技能岗位培训图解教材
砌筑工
本书编委会　编
　＊
中国建筑工业出版社出版、发行（北京西郊百万庄）
各地新华书店、建筑书店经销
北京京点图文设计有限公司制版
北京君升印刷有限公司印刷
　＊
开本：787×1092 毫米　1/16　印张：9¾　字数：200 千字
2015 年 12 月第一版　2015 年 12 月第一次印刷
定价：**28.00** 元（附网络下载）
ISBN 978-7-112-18597-9
　　　（27902）

《砌筑工》
编委会

主编： 陈洪刚

参编： 王志顺　　张　彤　　伏文英　　刘立华
刘　培　　何　萍　　范小波　　张　盼
王昌丁　　李亚州

前　言

　　近年来，随着我国经济建设的飞速发展，各种工程建设新技术、新工艺、新产品、新材料得到了广泛的应用，这就要求提高建筑工程各工种的职业素质和专业技能水平。为了帮助读者尽快取得《职业技能岗位证书》，熟悉和掌握相关技能，我们编写了此书。

　　本书是根据国家颁布的《建筑工程施工职业技能标准》进行编写的，主要介绍了砌筑工的基础知识，建筑识图与房屋构造基本知识，常用的砌筑材料，常用的砌筑工具，常用的砌筑方法，砖的砌筑，小型砌块的砌筑，刮瓦及地下管道排水工程的施工，施工质量通病及冬、雨季施工的注意事项等内容。

　　本书内容丰富，详略得当，用图文并茂的方式介绍砌筑工的施工技法，便于理解和学习。本书可作为建筑工程职业技能岗位培训相关教材使用，也可供建筑施工现场砌筑工人参考使用。同时为方便教学，本书编者制作有相关课件，读者可从中国建筑工业出版社官网下载。

　　本书编写过程中，尽管编写人员尽心尽力，但错误及不当之处在所难免，敬请广大读者批评指正，以便及时修订与完善。

编者

2015 年 9 月

目　录

第一章
砌筑工的基础知识

第一节 职业技能等级要求

1. 初级砌筑工应符合下列规定

（1）理论知识

1）了解一般建筑工程施工图的识读知识。

2）了解一般建筑结构。

3）了解常用砌筑材料、胶结材料（包括细骨料）和屋面材料的种类、规格、质量、性能、使用知识及砌筑砂浆的配合比。

4）熟悉各种砌体的砌筑方法和质量要求，熟悉挂瓦的基本方法及要求。

5）熟悉本工种的操作规程以及气候对施工影响的基础知识。

6）熟悉常用工具、量具名称，了解其功能和用途。

7）了解安全生产基本常识及常见安全生产防护用品的功能。

（2）操作技能

1）会常用砌筑工具、辅助工具的使用。

2）会组砌常见砌体，砌、摆一般砖基础。

3）会砌清水墙、砌块墙、混水平旋、钢筋砖过梁及安放小型构件并勾抹墙缝。

4）会铺砌地面砖、街面砖，窨井、下水道等。挂、铺坡屋面瓦。

5）会使用劳防用品进行简单的劳动防护。

2. 中级砌筑工应符合下列规定

（1）理论知识

1）了解制图基本知识及基本建筑结构构造；并掌握砖石结构知识。

2）了解常用砌筑砂浆的技术性能、使用部位、掺附加剂的一般规定和调制知识。

3）了解施工测量和放线的方法，掌握砌筑材料、胶结材料和屋面材料的技术指标和材料主要配合比。

4）熟悉本工种的操作规程、施工验收规范以及冬、雨、夏季施工的有关知识。

5）熟悉砌筑、铺设工具、设备性能及使用、维护。

6）熟悉烟囱、通风孔、管沟、梁洞、通道等的留孔、留槽及安放小型构件的方法。

7）掌握挂瓦的基本方法及常见屋面施工的基本要求。

8）熟悉砌筑检查井、窨井、化粪池、铺设下水道、干管及下水道闭水试验的方法。

9）熟悉安全生产操作规程，掌握本职业的安全生产、产品保护。

（2）操作技能

1）掌握按图砌筑各种砖、石基础，掌握组砌常见砌体的放脚、摆底。

2）会按标志砍、磨各种砖块，砌清水墙、清水方柱、拱旋、腰线、多角形墙柱、混水圆柱、普通花窗、栏杆等砌体的砌筑；并会砌毛石墙角和各种预制砌块及拉结立门、窗框。

3）会清水墙的各种勾、嵌缝、弹线、开补。

4）会砌筑一般家用炉灶，附墙烟囱。各种道砖、地面砖、石材和乱石路面等材料的铺砌，挂、铺筒瓦、中瓦、平瓦屋面及斜沟、正脊、垂脊饰。

5）会按图计算工料，并会使用简单的检测工具。

6）掌握在作业中实施安全操作。

3. 高级砌筑工应符合下列规定

（1）理论知识

1）熟悉建筑力学的一般知识和房屋建筑结构的分类、形式。

2）熟悉较复杂的建筑结构施工图及古建筑施工图。

3）掌握砖混结构知识及一般钢筋混凝土结构知识。

4）掌握常用砌筑材料的物理化学性能及使用方法、质量要求。

5）了解与本工种有关的新材料、新技术、新工艺及发展情况。

6）熟悉古建筑砌筑工艺和砌筑方法。

7）掌握砌筑工程施工质量验收方法、质量验收标准和验收程序。

8）熟悉防止砌筑质量通病的方法和技术措施。

9）掌握预防和处理质量和安全事故方法及措施。

（2）操作技能

1）掌握进行复杂砌体的摞底，并能按照砌筑规范要求指导初、中级工施工操作。

2）熟悉坡屋面、屋脊、垂脊、饿脊等一般脊饰的施工及刚、柔性平屋面施工。

3）会进行一般花纹图案、阴阳字体等的砖雕。

4）会进行各种特殊要求路面的铺设。

5）熟悉维修古建筑与近代建筑砖砌。

6）会根据施工的需要制作简单辅助工具。

7）会按安全生产规程指导初、中级工作业。

4. 砌筑工技师应符合下列规定

（1）理论知识

1）掌握复杂的建筑、结构施工图以及古建筑施工图。

2）熟悉新型建筑材料和设备的运用。

3）掌握砌体抗压性能及影响砌体抗压强度的因素。

4）熟悉抗震要求及构造要求的知识。

5）熟悉有关安全法规及一般安全事故的处置程序。

（2）操作技能

1）掌握进行各种花纹图案、阴阳字体等的砖雕。

2）会加工平、圆、弧形等喧口砖。

3）熟悉进行砌筑较复杂的磨砖（砖细）对缝。

4）掌握按图设计各种特殊要求路面的施工工艺。

5）会指导初、中、高级工砌筑，解决操作技术上的疑难问题。

6）会根据生产环境，提出安全生产建议，并处置一般安全事故。

5. 砌筑工高级技师应符合下列规定

（1）理论知识

1）掌握有关新型建筑材料、砌筑材料和设备的专业知识。

2）熟悉砖墙、柱、梁等一般受力构件的计算，熟悉砌体的抗弯、抗剪切、抗压性能及影响砌体抗压强度的因素。

3）熟悉施工预、结算知识，能组织质量评定和竣工验收。

4）掌握有关安全法规及突发安全事故的处理程序。

（2）操作技能

1）掌握对各类屋面、屋脊、垂脊等坡屋面和复杂脊饰的施工进行管理和技术指导。

2）会根据需要选用新工艺、新技术、新材料。

3）会根据需要设计制作复杂工艺的辅助工具、量具、靠模等。

4）会编制突发安全事故处置的预案，并熟练进行现场处置。

第二节 安全基本知识及防护用品的使用

1. 安全基本知识

（1）安全教育

1）新进场或转场工人必须经过安全教育培训，经考试合格后才能上岗。

2）每年至少接受一次安全生产教育培训，教育培训及考试情况统一归档管理。

3）季节性施工、节假日后、待工复工或变换工种也必须接受相关的安全生产教育或培训。

（2）持证上岗

工地电工、焊工、登高架设作业人员、起重指挥信号工、起重机械安装拆卸工、爆破作业人员、塔式起重机司机、施工电梯司机，必须持有政府主管部门颁发的特种作业人员资格证方可上岗。

（3）安全交底

施工作业人员必须接受工程技术人员书面的安全技术交底，并履行签字手续，同时参加班前安全活动。

（4）安全通道

上班应按指定的安全通道行走，不得在工作区域或建筑物内抄近路穿行或攀登跨越禁止通行的区域，安全通道标志，如图1-1所示。

图 1-1　安全通道

（5）设备安全

1）不得随意拆卸或改变机械设备的防护罩。

2）施工作业人员无证不得操作特种机械设备。

（6）安全设施

不得随意拆改各类安全防护设施（如防护栏、防护门、预留洞口盖板等）。

（7）用电安全

1）不得私自乱拉乱接电源线，应由专职电工安装操作。

2）不得随意接长手持、移动电动工具的电源线或更换其插头，施工现场禁止使用明插座或线轴盘。

3）禁止在电线上挂晒衣物。

4）发生意外触电，应立即切断电源后进行急救。

（8）防火安全

1）吸烟应在指定"吸烟点"，如图1-2所示。

2）发生火情及时报告。

图1-2 吸烟应在指定"吸烟点"

2. 安全防护用品的使用

劳动防护用品，是指劳动者在生产过程中为免遭或者减轻人身伤害和职业危害所配备的防护装备。正确使用劳动防护用品，是保障从业人员人身安全与健康的重要措施。为此要注意以下几点：

1）生产经营单位应当建立健全有关劳动防护用品的管理制度。要加强劳动防护用品的购买、验收、保管、发放、更新、报废等环节的管理，监督并教育从业人员按照使用要求佩戴和使用。

2）提供的防护用品必须符合国家标准或者行业标准。不得以货币或者其他物品替代劳动防护用品，也不得购买、使用超过使用期限或者质量低劣的产品，确保防护用品在紧急情况下能发挥其特有的效能。

3）在佩戴和使用劳动防护用品中，要防止发生以下情况：

①从事高空作业的人员，不系好安全带发生坠落。

②长发不盘入工作帽中，造成长发被机械卷入。

③不正确戴手套。有的该戴不戴，造成手的烫伤、刺破等伤害。有的不该戴而戴，造成卷住手套带进手去，甚至连胳膊也带进去的伤害事故。

④不及时佩戴适当的护目镜和面罩，使面部和眼睛受到飞溅物伤害或灼伤，或受强光刺激，造成视力伤害。

⑤不正确戴安全帽。当发生物体坠落或头部受撞击时，造成伤害事故。

⑥在工作场所不按规定穿用劳保皮鞋，造成脚部伤害。

⑦不能正确选择和使用各类口罩、面具造成呼吸道感染等伤害。

第三节 砌筑的安全知识

1）砌基础前，必须检查槽壁。如发现土壁水浸、化冻或变形等有崩塌危险时，应采取槽壁加固或清除有崩塌危险的土方等处理措施。对槽边有可能坠落的危险物，要进行清理后，方准操作。

2）槽宽小于1m时，应在砌筑站人的一侧留有40cm的操作宽度。在深基础砌筑时，上下基槽必须设工作梯或坡道。不得任意攀跳基槽，更不得蹬踩砌体或加固土壁的支撑上下。

3）墙身砌体高度超过地坪1.2m以上时，应搭设脚手架。在一层以上或高度超过4m时，采用里脚手架必须支搭安全网；采用外脚手架应设护身栏杆和挡脚板。利用原架子做外沿勾缝时，对架子应重新检查及加固。

4）不准站在墙顶上画线、刮缝、清扫墙面及检查大角垂直。

5）不准用不稳固的工具或物体在脚手板上面垫高操作，更不准在未经过加固的情况下，在一层脚手架上随意再叠加一层。

6）砍砖时应面向内打，防止碎砖蹦出伤人；护身栏杆上不得坐人；正在砌砖的墙顶上不准行走。

7）在同一垂直面内上下交叉作业时，必须设置安全隔板，下方操作人员，必须佩戴安全帽。

8）已砌好的山墙，应临时加连系杆（如檩条等）放置在各跨山墙上，使其稳定，或采取其他有效的加固措施。

9）用锤打石时，应先检查铁锤有无破裂，锤柄是否牢固；打石时对面不准有人，锤把不宜过长。打锤要按照石纹走向落锤，锤口要平，落锤要准，同时要看清附近情况有无危险，然后落锤，以免伤人。石料加工时，应戴防护眼镜，以免石渣进入眼中。

10）不准徒手移动上墙的料石，以免压破或擦伤手指。

11）不准勉强在超过胸部以上的墙体上进行砌筑，以防将墙体碰撞倒塌或上石时失手掉下，造成事故。

12）冬期施工时，脚手板上如有冰霜、积雪，应先清除后才能上架子进行操作。架子上的杂物和落地砂浆等应及时清扫。

第四节 安全色和安全标志

1. 安全色

安全色是表达"禁止"、"警告"、"指令"和"指示"等安全信息的颜色，必须引人注目和辨认简易。《安全色》（GB 2893-2008）采用红、黄、蓝、绿四种颜色，其含义和用途如下：

1）红色。传递禁止、停止、危险或提示消防设备、设施的信息。

2）蓝色。传递必须遵守规定的指令性信息。

3）黄色。传递注意、警告的信息。

4）绿色。传递安全的提示性信息。

2. 安全标志

安全标志由安全色、几何图形和符号构成。其目的是引起人们对不安全因素、不安全环境的注意，预防事故的发生。在《安全标志》（GB 2894—2008）中，共规定了四大类（表1-1）即禁止（表1-2）、警告（表1-3）、指示（表1-4）和指令（表1-5）。

安全标志 表 1-1

图形	含义	图形	含义
 ⊘	禁止	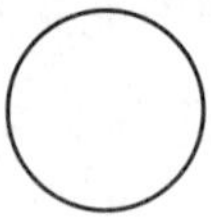 ○	指令
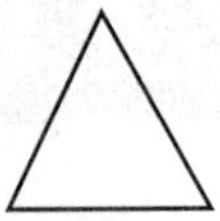 △	警告	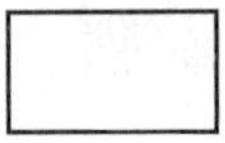 ▭	提示

禁止标志 表 1-2

 禁止吸烟	 禁止烟火	 禁止带火种	 禁止用火灭火	 禁止放置易燃物
 禁止堆放	 禁止启动	 禁止合闸	 禁止转运	 禁止叉车和厂内机动车辆通行
 禁止乘人	 禁止靠近	 禁止入内	 禁止推动	 禁止停留
 禁止通行	 禁止跨越	 禁止攀登	 禁止跳下	 禁止伸出窗外

续表

禁止依靠	禁止坐卧	禁止蹬踏	禁止触摸	禁止伸入
禁止饮用	禁止抛物	禁止戴手套	禁止穿化纤服装	禁止穿带钉鞋
禁止开启无线移动通信设备	禁止携带金属物或手表	禁止佩戴心脏起搏器者靠近	禁止植入金属材料者靠近	禁止游泳
禁止滑冰	禁止携带武器及仿真武器	禁止携带托运易燃及易爆物品	禁止携带托运有毒物品及有害液体	禁止携带托运放射性及磁性物品

警告标志　　　　　　　　　　　　　　表1-3

注意安全	当心火灾	当心爆炸	当心腐蚀	当心中毒
当心感染	当心触电	当心电缆	当心自动启动	当心机械伤人
当心塌方	当心冒顶	当心坑洞	当心落物	当心吊物

续表

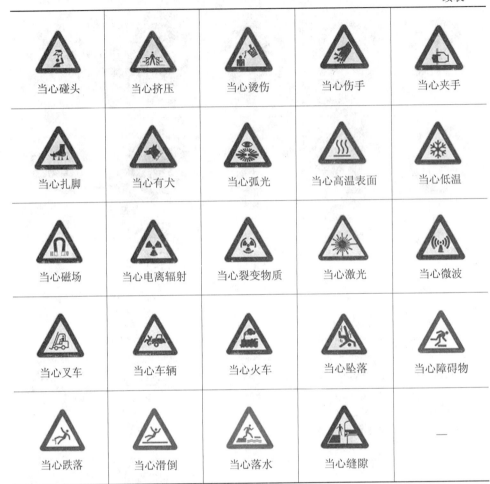

当心碰头	当心挤压	当心烫伤	当心伤手	当心夹手
当心扎脚	当心有犬	当心弧光	当心高温表面	当心低温
当心磁场	当心电离辐射	当心裂变物质	当心激光	当心微波
当心叉车	当心车辆	当心火车	当心坠落	当心障碍物
当心跌落	当心滑倒	当心落水	当心缝隙	—

指示标志　　　　　　　　　　　　表1-4

必须戴防护眼镜	必须戴遮光护目镜	必须戴防尘口罩	必须戴防毒面具	必须戴护耳器
必须戴安全帽	必须戴防护帽	必须系安全带	必须穿救生衣	必须穿防护服

续表

必须戴防护手套	必须穿防护鞋	必须洗手	必须加锁	必须接地
必须拔除插头	—	—	—	—

提示标志   表1-5

紧急出口		避险处	应急避难场所	可动火区
击碎板面	急救点	应急电话	紧急医疗站	—

第五节 班组管理知识

班组管理就是把工人、劳动手段和劳动对象三者科学地结合起来，进行合理分工、搭配、协作，使之能够在劳动中发挥最大效率，通过科学管理的手段、采用先进施工工艺和操作技术，优质、快速、均衡、安全地完成生产任务，故是一项综合性管理。

班组又是两个文明建设、培养和锻炼工人队伍的主要阵地。工人队伍的培训，许多方面是通过岗位练兵、学徒培训等方式在班组进行的。

1. 班组管理的内容

管理内容一般有八项：

1）根据施工计划，有效地组织生产活动，保证全面完成上级下达的施工任务。

2）坚持实行和不断完善以提高工程质量、降低各种消耗为重点的经济责任制和各种管理制度，抓好安全生产和文明施工及维护施工所必需的正常秩序。

3）积极组织职工参加政治、文化、技术、业务学习，不断提高班组成员的政治思想水平和技术水平，增加工作责任心，提高班组的集体素质和人员的个人素质。

4）广泛开展技术革新和岗位练兵活动，开展合理化建议活动，并努力培养"一专多能"的人才和操作技术能手。

5）积极组织和参加劳动竞赛，扩大眼界，学习技术，在组内开展比、学、赶、帮活动。

6）加强精神文明建设，搞好团结互助。

7）开展和做好班组施工质量和安全管理。

8）开好班组会，善于总结工作，积累原始资料，如班组工作小组、施工任务书、考勤表、材料限额领料单、机械使用记录表、分项工程质量检验评定表等原始资料。

2. 班组的各项管理

（1）生产计划管理

班组计划管理的内容有：

1）施工班组接受任务后，向班组成员明确当月、当日生产计划任务，组织成员熟悉图纸、工艺、工序要求，质量标准和工期进度，准备好所需要使用的机具和工程用的材料等，为完成生产任务做好一切准备工作。

2）组织班组成员实施作业计划，抓好班组作业的综合平衡和劳动力调配。

（2）班组的技术管理

1）施工员进行技术交底

在单位工程开工前和分项工程施工前，施工员要向班组长和工人进行技术交底。这是技术交底最关键的一环。交底的主要内容有：

①贯彻施工组织设计及分部分项工程的有关技术要求。

②将要采取的具体技术措施和图纸的具体要求。

③明确施工质量要求和施工安全注意事项。

2）班组内部技术交底

在施工员交底后，班组长应结合具体任务组织全体人员进行具体分工，明确责任及相互配合关系，制订全面完成任务的班组计划。

3）班组技术管理工作

班组的技术管理工作，主要由班组长全面负责，主要内容如下：

①组织组员学习本工种有关的质量评定标准、施工验收规范和技术操作规程，组织技术经验交流。

②学懂设计图、掌握工程上的轴线、标高、洞口等位置及其尺寸。

③对工程上所用的砂、石、砖、水泥等原材料质量及砂浆、混凝土配合比，如发现有问题，应及时向施工员反映，严格把好材料质量使用关。

④积极开动脑筋，找窍门，挖潜力，小改小革，提合理化建议等，不断提高劳动生产率。

⑤保存、归集有关技术交底、质量自检及施工记录、机械运转记录等原始资料，为施工员收集工程资料提供原始依据。

（3）班组的质量管理

施工班组质量管理的主要内容有：

1）树立"质量第一"和"谁施工谁负责工程质量"的观念，认真执行质量管理制度。

2）严格按图、按施工验收规范和质量检验评定标准施工，确保工程质量符合设计要求。

3）开展班组自检和上下工序互检工作，做到本工序不合格不交下道工序施工。

4）坚持"五不"施工。即质量标准不明确不施工；工艺方法不符合标准不施工；机具不完好不施工；原材料不合格不施工；上道工序不合格不施工。

（4）班组的安全管理

砌筑工施工操作现场环境复杂，劳动条件较差，不安全、不卫生的因素多，所以安全工作对施工班组尤为重要，为此施工班组要做好如下几项安全工作：

1）项目上，施工员在向班组进行技术交底的同时，必须要交代安全措施，班组长在布置生产任务的同时也必须交代安全事项。

2）班组内设立兼职安全员，在班前班后要讲安全，并要经常性地检查安全，发现隐患要及时解决，思想不得麻痹。

3）定期组织班组人员学习安全知识、安全技术操作规程和进行安全教育。

4）严格实行安全施工，认真执行有关安全方面的法规。

（5）班组经济核算、经济分配与民主管理

1）班组的原始记录主要是任务书上的各项内容，包括实际完成工程量、实际用工数、质量与安全情况、考勤表、限额领料单、节余退回量、机械使用台班、工具消耗量、周转材料的节约或超量等原始记录。这些原始资料，由班组核心人员分工负责记录，并由核算员负责班组内部的初步核算，这些资料是向施工队结算的依据，也是班组民主分配的基础，原始资料一定要实事求是、真实可靠。

2）班组的经济分配是班组管理的一项重要内容，它关系到每个工人的切身利益。班组经济分配的合理与否，将影响班组人员内部的团结，影响各组员的生产积极性，给完成任务带来不同的后果。

目前的工资形式，主要有计时工资与计件工资两种，计时工资由班组长与组员双方协商决定各级别日工资的多少，或实行同工同酬；计件工资按完成工程量多少，兼顾质量、安全情况支付工资。一般先发给组员每月的生活费，最后一次付清。

为了分配合理，搞好班组分配，重要的是要集体研究商定实行民主管理，做到五个公开，即报酬的来源公开、报酬量公开、考勤公开、分发的依据和

办法公开、每个人所得报酬的公开，并做表登记、签字认领、上报备查和公布于众。

3）民主管理。

班组的民主管理是搞好班组管理的一种有效的基本办法。班组长是整个班组人员的领头人，必须发扬民主的工作作风，要放手发动群众，调动大家的积极性，充分发挥主观能动作用，才能达到提高劳动生产率和经济效益的目的。

第六节 施工测量和放线的方法

1. 常用测量仪器的性能与应用

（1）钢尺

钢尺是采用经过一定处理的优质钢制成的带状尺，长度通常有20m、30m和50m等几种，卷放在金属架上或圆形盒内。钢尺按零点位置分为端点尺和刻线尺。

钢尺的主要作用是距离测量，钢尺量距是目前楼层测量放线最常用的距离测量方法。钢尺量距时应使用拉力计，拉力与检定时一致。距离丈量结果中应加入尺长、温度、倾斜等改正数。

（2）水准仪

水准仪是进行水准测量的主要仪器，主要功能是测量两点间的高差，它不能直接测量待定点的高程，但可由控制点的已知高程来推算测点的高程。另外，利用视距测量原理，它还可以测量两点间的大致水平距离。

我国的水准仪系列分为 DS05、DS1、DS3 等几个等级。"D"是大地测量仪器的代号，"S"是水准仪的代号，数字表示仪器的精度。其中 DS05 型和 DS1 型水准仪称为精密水准仪，用于国家一、二等水准测量和其他精密水准测量；DS3 型水准仪称为普通水准仪，用于国家三、四等水准测量和一般工程水准测量。

水准仪主要由望远镜、水准器和基座三个部分组成，使用时通常架设在脚架上进行测量。

水准测量的主要配套工具有水准尺、尺垫等。常用的水准尺主要有塔尺和双面水准尺两种。塔尺一般采用铝合金制成，能伸缩，携带方便，但结合处容易产生误差，其长度一般为 3m 或 5m。双面水准尺一般用优质木材制成，比较坚固不易变形，其长度一般为 3m。

（3）经纬仪

经纬仪是一种能进行水平角和竖直角测量的仪器，它还可以借助水准尺，利用视距测量原理，测出两点间的大致水平距离和高差，也可以进行点位的竖向传递测量。

经纬仪分光学经纬仪和电子经纬仪，主要区别在于角度值读取方式的不同，光学经纬仪采用读数光路来读取刻度盘上的角度值，电子经纬仪采用光敏元件来读取数字编码度盘上的角度值，并显示到屏幕上。随着技术的进步，目前普遍使用电子经纬仪。

在工程中常用的经纬仪有 DJ2 和 DJ6 两种，"D"是大地测量仪器的代号，"J"是经纬仪的代号，数字表示仪器的精度。其中，DJ6 型进行普通等级测量，而 DJ2 型则可进行高等级测量工作。

经纬仪主要由照准部、水平度盘和基座三部分组成。

（4）激光铅直仪

激光铅直仪主要用来进行点位的竖向传递，如高层建筑施工中轴线点的竖向投测等。

激光铅直仪按技术指标分 1/4 万、1/10 万、1/20 万等几个级别，建筑施工测量一般采用 1/4 万精度激光铅直仪。

除激光铅直仪外，有的工程也采用激光经纬仪来进行点位的竖向传递测量。

（5）全站仪

全站仪又称全站型电子速测仪，是一种可以同时进行角度测量和距离测量的仪器，由电子测距仪、电子经纬仪和电子记录装置三部分组成。

全站仪具有操作方便、快捷、测量功能全等特点，使用全站仪测量时，在测站上安置好仪器后，除照准需人工操作外，其余操作可以自动完成，而且几乎是在同一时间测得平距、高差、点的坐标和高程。

全站仪带有数据传输接口，通过数据传输线把全站仪和电脑连接，配以专用测量软件，可以进行测量数据的实时处理，实现测量信息化和自动化。

2. 施工测量的内容与方法

（1）施工测量的工作内容

各种工程在施工阶段所进行的测量工作称为施工测量。施工测量现场主要工作有，对已知长度的测设、已知角度的测设、建筑物细部点平面位置的测设、建筑物细部点高程位置及倾斜线的测设等。

一般建筑工程，通常先布设施工控制网，再以施工控制网为基础，开展建筑物轴线测量和细部放样等施工测量工作。

（2）施工控制网测量

1）建筑物施工平面控制网

建筑物施工平面控制网应根据建筑物的设计形式和特点布设，一般布设成矩形控制网。平面控制网的主要测量方法有直角坐标法、极坐标法、角度交会法、距离交会法等。随着全站仪的普及，一般采用极坐标法建立平面控制网。下面介绍极坐标法的原理与方法。

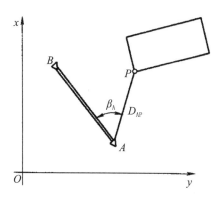

图 1-3　极坐标法测量控制

极坐标法是根据水平角和水平距离测设点的平面位置的方法。如图 1-3 所示，A、B 两点是现场已有的测量控制点，其坐标为已知，P 点为待测设的点，其坐标为已知的设计坐标，测设方法如下：

①计算测设数据。根据 A、B 和 P 点坐标来计算测设数据 D_{AP} 和 β_A，测站为 A 点，其中 D_{AP} 是 A、P 之间的水平距离，β_A 是 AP 与 AB 的水平夹角 $\angle PAB$。

②现场测设 P 点。安置全站仪于 A 点，瞄准 B 点，顺时针方向测设 β_A 角定出 AP 方向，由 A 点沿 AP 方向测设水平距离 D_{AP} 即得 P 点。

2）建筑物施工高程控制网

建筑物高程控制应采用水准测量。主要建筑物附近的高程控制点，不应少于三个。高程控制点的高程值一般采用工程 ±0.000m 高程值。

±0.000m 高程测设是施工测量中常见的工作内容，一般用水准仪进行。

如图 1-4 所示，某点 P（工程 ±0.000m）的设计高程为 $H_P = 81.500$m，附近一水准点 A 的高程为 $H_A = 81.345$m，现要将 P 点的设计高程测设在一个木桩上，其测设步骤如下：

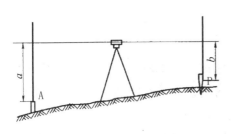

图 1-4 水准测量示意

①在水准点 A 和 P 点木桩之间安置水准仪，后视立于水准点 A 上的水准尺，读中线读数 a 为 "1.458m"；

②计算水准仪前视 P 点木桩水准尺的应读读数 b。根据图 1-4 可列出下式：

$$b = H_A + a - H_P$$

将有关的各数据代入上式得：$b = 81.345 + 1.458 - 81.500 = 1.303$m

③前视靠在木桩一侧的水准尺，上下移动水准尺，当读数恰好为 $b = 1.303$m 时，在木桩侧面沿水准尺底边画一横线，此线就是 P 点的设计高程 81.500m。

（3）结构施工测量

结构施工测量的主要内容包括：主轴线内控基准点的设置、施工层的放线与抄平、建筑物主轴线的竖向投测、施工层标高的竖向传递等。

建筑物主轴线的竖向投测，主要有外控法和内控法两类。多层建筑可采用外控法或内控法，高层建筑一般采用内控法。

采用外控法进行轴线竖向投测时，应将控制轴线引测至首层结构外立面上，作为各施工层主轴线竖向投测的基准。采用内控法进行轴线竖向投测时，应在首层或最底层底板上预埋钢板，画"十"字线，并在"十"字线中心钻孔，作为基准点，且在各层楼板对应位置预留 200mm×200mm 孔洞，以便传递轴线。

轴线竖向投测前，应检测基准点，确保其位置正确，投测的允许偏差为高度的 3/10000。

标高的竖向传递，应用钢尺从首层起始标高线垂直量取，每栋建筑物至少应由三处分别向上传递。施工层抄平之前，应先检测三个传递标高点，当较差小于 3mm 时，以其平均点作为本层标高起测点。

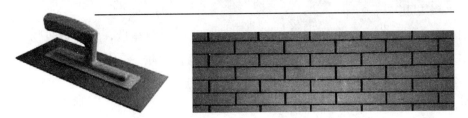

第二章
建筑识图与房屋构造基本知识

第一节 制图的基础知识

1. 图纸幅面、标题栏

（1）图纸幅面

1）图幅及图框尺寸应符合表 2-1 的规定及图 2-1、图 2-2 的形式。

图幅及图框尺寸（单位：mm）　　　　　表 2-1

幅面代号 尺寸代号	A0	A1	A2	A3	A4
$b \times l$	841×1189	594×841	420×594	297×420	210×297
c	10				5
a	25				

注：表中 b 为幅面短边尺寸，l 为幅面长边尺寸，c 为图框线与幅面线间宽度，a 为图框线与装订边间宽度。

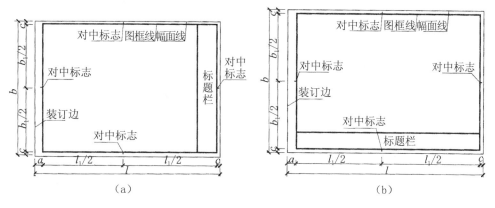

图 2-1　A0 ～ A3 横式幅面

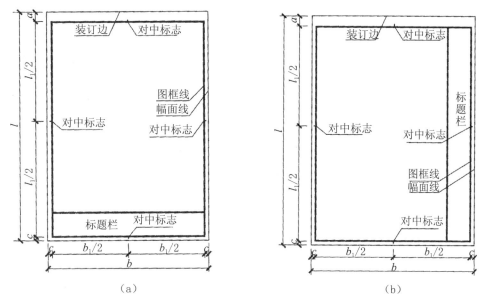

图 2-2　A0 ～ A4 立式幅面

2）需要微缩复制的图纸，其一个边上应附有一段准确米制尺度，四个边上均附有对中标志，米制尺度的总长应为 100mm，分格应为 10mm。对中标志应画在图纸内框各边长的中点处，线宽 0.35mm，并应伸入内框边，在框外为 5mm。对中标志的线段，于 l_1 和 b_1 范围取中。

3）一个工程设计中，每个专业所使用的图纸，不宜多于两种幅面，不含目录及表格所采用的 A4 幅面。

（2）标题栏

1）图纸中应有标题栏、图框线、幅面线、装订边线以及对中标志。其中，图纸的标题栏及装订边的位置，应符合以下规定：

①横式使用的图纸应按图 2-1 的形式进行布置。

②立式使用的图纸应按图 2-2 的形式进行布置。

2）标题栏应符合图 2-3、图 2-4 的规定，根据工程的需要确定其尺寸、格式以及分区。同时，签字栏还应包括实名列和签名列，并且应符合下列规定：

①涉外工程的标题栏内，各项主要内容的中文下方应附有译文，同时，设计单位的上方或左方还应加“中华人民共和国”字样。

②当在计算机制图文件中使用电子签名与认证时，应符合国家有关电子签名法的规定。

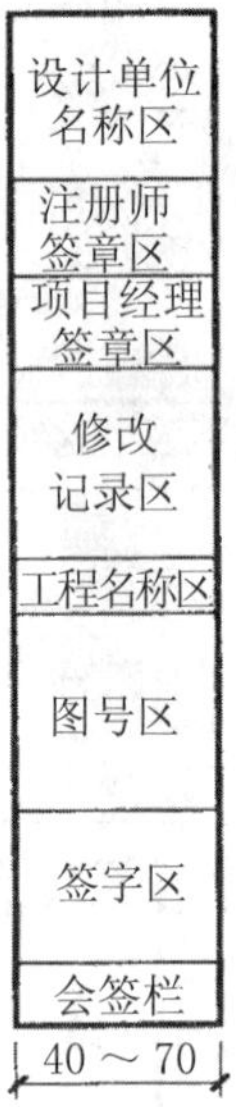
设计单位
名称区
注册师
签章区
项目经理
签章区
修改
记录区
工程名称区
图号区
签字区
会签栏
40 ~ 70

图 2-3 标题栏（一）

30 ~ 50
设计单位
名称区
注册师
签章区
项目经理
签章区
修改
记录区
工程
名称区
图号区
签字区
会签
栏

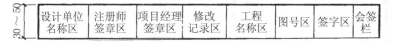

图 2-4 标题栏（二）

2. 图线

（1）图线

工程建设制图应选用的图线见表 2-2。

（2）线宽

1）图线的宽度 b，宜从 1.4、1.0、0.7、0.5、0.35、0.25、0.18、0.13mm 线宽系列中选取。图线宽度不应小于 0.1mm。每个图样，首先应根据复杂程度与比例大小，选定基本线宽 b，然后再选用相应的线宽组，见表 2-3。

2）在同一张图纸内，相同比例的各图样，应选用相同的线宽组。

图线　　　　　　　　　　　　　　　　表 2-2

名　称		线型	线宽	用途
实线	粗	▬▬▬▬▬	b	主要可见轮廓线
	中粗	▬▬▬▬▬	$0.7b$	可见轮廓线
	中	———————	$0.5b$	可见轮廓线、尺寸线、变更云线
	细	———————	$0.25b$	图例填充线、家具线
虚线	粗	▬ ▬ ▬ ▬ ▬	b	见各有关专业制图标准
	中粗	- - - - -	$0.7b$	不可见轮廓线
	中	- - - - -	$0.5b$	不可见轮廓线、图例线
	细	- - - - -	$0.25b$	图例填充线、家具线
单点长画线	粗	▬·▬·▬·	b	见各有关专业制图标准
	中	—·—·—	$0.5b$	见各有关专业制图标准
	细	—·—·—	$0.25b$	中心线、对称线、轴线等
双点长画线	粗	▬··▬··▬	b	见各有关专业制图标准
	中	—··—··—	$0.5b$	见各有关专业制图标准
	细	—··—··—	$0.25b$	假想轮廓线、成型前原始轮廓线
折断线	细	——⩘——	$0.25b$	断开界线
波浪线	细	∼∼∼∼∼	$0.25b$	断开界线

线宽组（单位：mm）　　　　　　　　表 2-3

线宽比	线宽组			
b	1.4	1.0	0.7	0.5
$0.7b$	1.0	0.7	0.5	0.35
$0.5b$	0.7	0.5	0.35	0.25
$0.25b$	0.35	0.25	0.18	0.13

注：1. 需要缩微的图纸，不宜采用 0.18mm 及更细的线宽。

2. 同一张图纸内，各不同线宽中的细线，可统一采用较细的线宽组的细线。

3. 字体

1）图样及说明中的汉字，宜采用长仿宋体或黑体，同一图纸字体种类不应超过两种。长仿宋体的高宽关系应符合表 2-4 的规定，黑体字的宽度与高度应相同。大标题、图册封面、地形图等的汉字，也可书写成其他字体，但应易于辨认。

长仿宋字高宽关系（单位：mm） 表 2-4

字高	20	14	10	7	5	3.5
字宽	14	10	7	5	3.5	2.5

2）图样及说明中的拉丁字母、阿拉伯数字与罗马数字，宜采用单线简体或 ROMAN 字体。拉丁字母、阿拉伯数字与罗马数字的书写规则，应符合表 2-5 的规定。

拉丁字母、阿拉伯数字与罗马数字的书写规则 表 2-5

书写格式	字体	窄字体
大写字母高度	h	h
小写字母高度（上下均无延伸）	$7/10h$	$10/14h$
小写字母伸出的头部或尾部	$3/10h$	$4/14h$
笔画宽度	$1/10h$	$1/14h$
字母间距	$2/10h$	$2/14h$
上下行基准线的最小间距	$15/10h$	$21/14h$
词间距	$6/10h$	$6/14h$

3）长仿宋汉字、拉丁字母、阿拉伯数字与罗马数字示例应符合现行国家标准《技术制图字体》（GB/T 14691-1993）的有关规定。

4. 比例

工程制图中，为了满足各种图样表达的需要，有些需要缩小绘制在图纸上，有些又需要放大绘制在图纸上，因此，必须对缩小和放大的比例作出规定。

图样的比例，应为图形与实物相对应的线性尺寸之比。比例宜注写在图名的右侧，字的基准线应取平，且比例的字高宜比图名的字高小一号或二号，如图2-5所示。

平面图　1：100　　⑥ 1：20

图2-5　比例的注写

5. 尺寸标注

（1）尺寸界线、尺寸线及尺寸起止符号

1）图样上的尺寸，应包括尺寸界线、尺寸线、尺寸起止符号和尺寸数字（图2-6）。

2）尺寸界线应用细实线绘制，应与被注长度垂直，其一端应离开图样轮廓线不应小于2mm，另一端宜超出尺寸线2～3mm。图样轮廓线可用作尺寸界线（图2-7）。

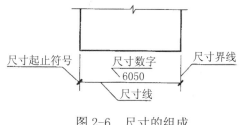

图2-6　尺寸的组成

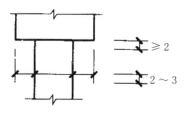

图2-7　尺寸界限

3）尺寸线应用细实线绘制，应与被注长度平行。图样本身的任何图线均不得用作尺寸线。

4）尺寸起止符号用中粗斜短线绘制，其倾斜方向应与尺寸界线成顺时针45°角，长度宜为2～3mm。半径、直径、角度与弧长的尺寸起止符号，宜用箭头表示（图2-8）。

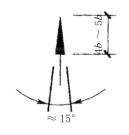

图2-8　箭头尺寸起止符号

（2）尺寸数字

1）图样上的尺寸，应以尺寸数字为准，不得从图上直接量取。

2）图样上的尺寸单位，除标高及总平面以米为单位外，其他必须以毫米为单位。

3）尺寸数字的方向，应按图2-9（a）的规定注写。若尺寸数字在30°斜线区内，也可按图2-9（b）的形式注写。

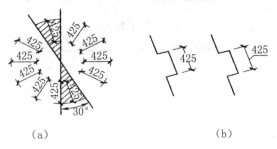

（a）　　　　　　　　　　　　（b）

图2-9　尺寸数字的注写方向

4）尺寸数字应依据其方向注写在靠近尺寸线的上方中部。如没有足够的注写位置，最外边的尺寸数字可注写在尺寸界线的外侧，中间相邻的尺寸数字可上下错开注写，引出线端部用圆点表示标注尺寸的位置（图2-10）。

图2-10　尺寸数字的注写位置

（3）尺寸的排列与布置

1）尺寸宜标注在图样轮廓以外，不宜与图线、文字及符号等相交（图2-11）。

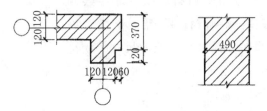

图2-11　尺寸数字的注写

2）互相平行的尺寸线，应从被注写的图样轮廓线由近向远整齐排列，较小尺寸应离轮廓线较近，较大尺寸应离轮廓线较远（图2-12）。

3）图样轮廓线以外的尺寸界线，距图样最外轮廓之间的距离，不宜小于10mm。平行排列的尺寸线的间距，宜为7～10mm，并应保持一致（图2-12）。

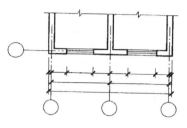

图2-12　尺寸的排列

4）总尺寸的尺寸界线应靠近所指部位,中间的分尺寸的尺寸界线可稍短,但其长度应相等（图2-12）。

（4）半径、直径、球的尺寸标注

1）半径的尺寸线应一端从圆心开始，另一端画箭头指向圆弧。半径数字前应加注半径符号"R"（图2-13）。

2）较小圆弧的半径，可按图2-14形式标注。

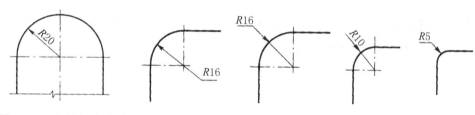

图2-13　半径标注方法　　　　图2-14　小圆弧半径的标注方法

3）较大圆弧的半径，可按图2-15形式标注。

4）标注圆的直径尺寸时，直径数字前应加直径符号"ϕ"。在圆内标注的尺寸线应通过圆心，两端画箭头指至圆弧（图2-16）。

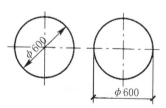

图2-15　大圆弧半径的标注方法　　　图2-16　圆直径的标注方法

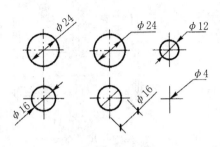

图 2-17 小圆直径的标注方法

5）较小圆的直径尺寸，可标注在圆外（图 2-17）。

6）标注球的半径尺寸时，应在尺寸前加注符号"SR"。标注球的直径尺寸时，应在尺寸数字前加注符号"Sϕ"。注写方法与圆弧半径和圆直径的尺寸标注方法相同。

（5）角度、弧度、弧长的标注

1）角度的尺寸线应以圆弧表示。该圆弧的圆心应是该角的顶点，角的两条边为尺寸界线。起止符号应以箭头表示，如没有足够位置画箭头，可用圆点代替，角度数字应沿尺寸线方向注写（图 2-18）。

2）标注圆弧的弧长时，尺寸线应以与该圆弧同心的圆弧线表示，尺寸界线应指向圆心，起止符号用箭头表示，弧长数字上方应加注圆弧符号"⌒"（图 2-19）。

3）标注圆弧的弦长时，尺寸线应以平行于该弦的直线表示，尺寸界线应垂直于该弦，起止符号用中粗斜短线表示（图 2-20）。

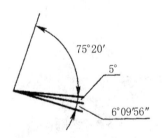

图 2-18 角度标注方法

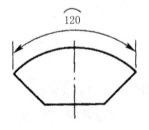

图 2-19 弧长标注方法

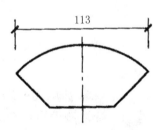

图 2-20 弦长标注方法

（6）薄板厚度、正方形、坡度、非圆曲线等尺寸标注

1）在薄板板面标注板厚尺寸时，应在厚度数字前加厚度符号"t"（图 2-21）。

2）标注正方形的尺寸，可用"边长 × 边长"的形式，也可在边长数字前加正方形符号"□"（图 2-22）。

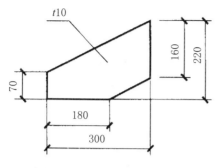

图 2-21　薄板厚度标注方法

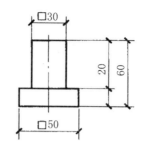

图 2-22　标注正方形尺寸

3）标注坡度时，应加注坡度符号""［图 2-23（a）、（b）］，该符号为单面箭头，箭头应指向下坡方向。坡度也可用直角三角形形式标注［图 2-23（c）］。

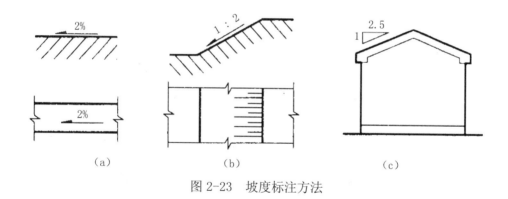

（a）　　　　　　　　　（b）　　　　　　　　　（c）

图 2-23　坡度标注方法

4）外形为非圆曲线的构件，可用坐标形式标注尺寸（图 2-24）。

5）复杂的图形，可用网格形式标注尺寸（图 2-25）。

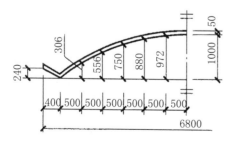

图 2-24　坐标法标注曲线尺寸

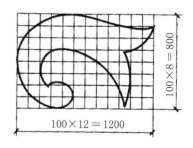

图 2-25　网格法标注曲线尺寸

（7）尺寸的简化标注

1）杆件或管线的长度，在单线图（桁架简图、钢筋简图、管线简图）上，可直接将尺寸数字沿杆件或管线的一侧注写（图2-26）。

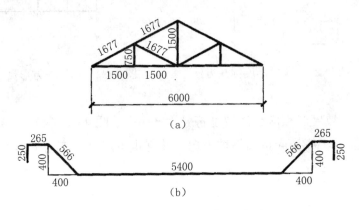

图 2-26　单线图尺寸标注方法

2）连续排列的等长尺寸,可用"等长尺寸 × 个数＝总长"［图 2-27（a）］或"等分 × 个数＝总长"［图 2-27（b）］的形式标注。

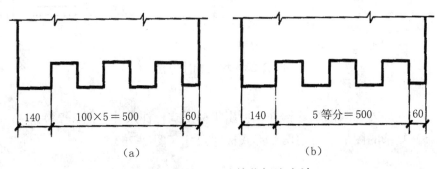

图 2-27　等长尺寸简化标注方法

3）构配件内的构造因素（如孔、槽等）如相同，可仅标注其中一个要素的尺寸（图2-28）。

4）对称构配件采用对称省略画法时，该对称构配件的尺寸线应略超过对称符号，仅在尺寸线的一端画尺寸起止符号，尺寸数字应按整体全尺寸注写，其注写位置宜与对称符号对齐（图2-29）。

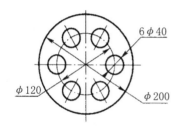

图 2-28 相同要素尺寸标注方法

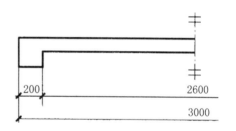

图 2-29 对称构件尺寸标注方法

5）两个构配件，如个别尺寸数字不同，可在同一图样中将其中一个构配件的不同尺寸数字注写在括号内，该构配件的名称也应注写在相应的括号内（图2-30）。

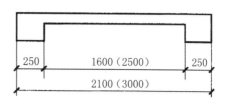

图 2-30 相似构件尺寸标注方法

6）数个构配件,如仅某些尺寸不同,这些有变化的尺寸数字,可用拉丁字母注写在同一图样中,另列表格写明其具体尺寸（图2-31）。

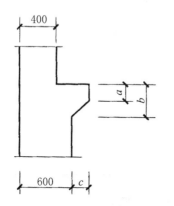

构件编号	a	b	c
Z-1	200	200	200
Z-2	250	450	200
Z-3	200	450	250

图 2-31 相似构配件尺寸表格式标注方法

（8）标高

1）标高符号应以直角等腰三角形表示，按图2-32（a）所示形式用细实线绘制，当标注位置不够，也可按图2-32（b）所示形式绘制。标高符号的具体画法应符合图2-32（c）、（d）的规定。

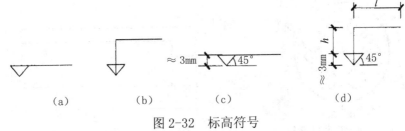

图 2-32 标高符号

l—取适当长度注写标高数字；*h*—根据需要取适当高度

2）总平面图室外地坪标高符号，宜用涂黑的三角形表示，具体画法应符合图 2-33 的规定。

图 2-33 总平面图室外地坪标高符号

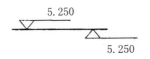

图 2-34 标高的指向

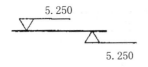

图 2-35 同一位置注写多个标高数字

3）标高符号的尖端应指至被注高度的位置。尖端宜向下，也可向上。标高数字应注写在标高符号的上侧或下侧，如图 2-34 所示。

4）标高数字应以米为单位，注写到小数点以后第三位。在总平面图中，可注写到小数字点以后第二位。

5）零点标高应注写成 ±0.000，正数标高不注 "+"，负数标高应注 "−"，例如 3.000、−0.600。

6）在图样的同一位置需表示几个不同标高时，标高数字可按图 2-35 的形式注写。

6. 指北针与风玫瑰图

指北针一般用细实线绘制，其形状如图 2-36 所示。

风玫瑰图是指根据某一地区气象台观测的风气象资料绘制出的图形，分为风向玫瑰图和风速玫瑰图两种，通常多采用风向玫瑰图。

风向玫瑰图表示风向和风向的频率。风向频率是在一定时间内各种风向出现的次数占所有观察次数的百分比。根据各方向风的出现频率，以相应的比例长度，按风向中心吹，描在用 8 个或 16 个方向所表示的图上，然后将各相邻方向的端点用直线连接起来，绘成一个形式宛如玫瑰的闭合折线，就是风玫瑰图。图中线段最长者即为当地主导风向，粗实线表示全年风频情况，虚线表示夏季风频情况。

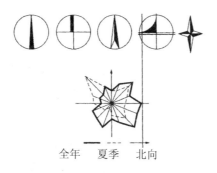

全年   夏季   北向

图 2-36　指北针与风玫瑰图

7. 符号

（1）剖切符号

1）剖视的剖切符号应由剖切位置线及剖视方向线组成，均应以粗实线绘制。剖视的剖切符号应符合下列规定：

①剖切位置线的长度宜为 6 ～ 10mm；剖视方向线应垂直于剖切位置线，长度应短于剖切位置线，宜为 4 ～ 6mm（图 2-37），也可采用国际统一和常用的剖视方法，如图 2-38。绘制时，剖视剖切符号不应与其他图线相接触。

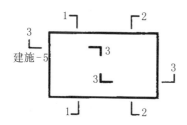

图 2-37　剖视的剖切符号（一）

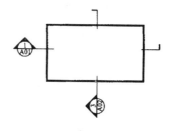

图 2-38　剖视的剖切符号（二）

②剖视剖切符号的编号宜采用粗阿拉伯数字，按剖切顺序由左至右、由下向上连续编排，并应注写在剖视方向线的端部。

③需要转折的剖切位置线，应在转角的外侧加注与该符号相同的编号。

④建（构）筑物剖面图的剖切符号应注在 ±0.000 标高的平面图或首层平面图上。

⑤局部剖面图（不含首层）的剖切符号应注在包含剖切部位的最下面一层的平面图上。

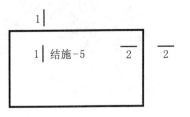

图 2-39 断面的剖切符号

2）断面的剖切符号应符合下列规定：

①断面的剖切符号应只用剖切位置线表示，并应以粗实线绘制，长度宜为 6 ~ 10mm。

②断面剖切符号的编号宜采用阿拉伯数字，按顺序连续编排，并应注写在剖切位置线的一侧；编号所在的一侧应为该断面的剖视方向（图 2-39）。

3）剖面图或断面图，当与被剖切图样不在同一张图内，应在剖切位置线的另一侧注明其所在图纸的编号，也可以在图上集中说明。

（2）索引符号与详图符号

1）图样中的某一局部或构件，如需另见详图，应以索引符号索引，如图 2-40（a）所示。索引符号是由直径为 8 ~ 10mm 的圆和水平直径组成，圆及水平直径应以细实线绘制。索引符号应按下列规定编写：

①索引出的详图，如与被索引的详图同在一张图纸内，应在索引符号的上半圆中用阿拉伯数字注明该详图的编号，并在下半圆中间画一段水平细实线，如图 2-40（b）所示。

②索引出的详图，如与被索引的详图不在同一张图纸内，应在索引符号的上半圆中用阿拉伯数字注明该详图的编号，在索引符号的下半圆用阿拉伯数字注明该详图所在图纸的编号，如图 2-40（c）所示。数字较多时，可加文字标注。

③索引出的详图，如采用标准图，应在索引符号水平直径的延长线上加注该标准图集的编号，如图 2-40（d）所示。需要标注比例时，文字在索引符合右侧或延长线下方，与符号下对齐。

图 2-40　索引符号

2）索引符号当用于索引剖视详图，应在被剖切的部位绘制剖切位置线，并以引出线引出索引符号，引出线所在的一侧应为剖视方向，索引符号的编号同上，如图 2-41 所示。

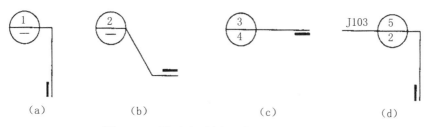

图 2-41　用于索引剖面详图的索引符号

3）零件、钢筋、杆件、设备等的编号宜以直径为 5～6mm 的细实线圆表示，同一图样应保持一致，其编号应用阿拉伯数字按顺序编写，如图 2-42 所示。消火栓、配电箱、管井等的索引符号，直径宜为 4～6mm。

4）详图的位置和编号应以详图符号表示。详图符号的圆应以直径为 14mm 的粗实线绘制。详图编号应符合下列规定：

①详图与被索引的图样同在一张图纸内时，应在详图符号内用阿拉伯数字注明该详图的编号。

②详图与被索引的图样不在同一张图纸内时，应用细实线在详图符号内画一水平直径，在上半圆中注明详图编号，在下半圆中注明被索引的图纸的编号，如图 2-43 所示。

图 2-42　零件、钢筋等的编号　　图 2-43　与被索引图样不在同一张图纸内的详图符号

（3）引出线

1）引出线应以细实线绘制，宜采用水平方向的直线、与水平方向成30°、45°、60°、90°的直线，或经上述角度再折为水平线。文字说明宜注写在水平线的上方，如图2-44（a）所示，也可注写在水平线的端部，如图2-44（b）所示。索引详图的引出线，应与水平直径线相连接，如图2-44（c）所示。

图2-44 引出线

图2-45 共用引出线

2）同时引出的几个相同部分的引出线，宜互相平行，如图2-45（a）所示，也可画成集中于一点的放射线，如图2-45（b）所示。

3）多层构造或多层管道共用引出线，应通过被引出的各层，并用圆点示意对应各层次。文字说明宜注写在水平线的上方，或注写在水平线的端部，说明的顺序应由上至下，并应与被说明的层次对应一致；如层次为横向排序，则由上至下的说明顺序应与由左至右的层次对应一致，如图2-46所示。

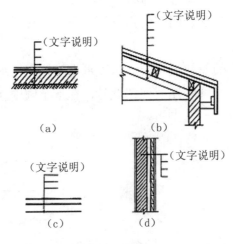

图2-46 多层共用引出线

8. 定位轴线及编号

1）定位轴线应用细单点长画线绘制。

2）定位轴线应编号，编号应注写在轴线端部的圆内。圆应用细实线绘制，直径为 8～10mm。定位轴线圆的圆心应在定位轴线的延长线上或延长线的折线上。

3）除较复杂需采用分区编号或圆形、折线形外，平面图上定位轴线的编号，宜标注在图样的下方或左侧。横向编号应用阿拉伯数字，从左至右顺序编写；竖向编号应用大写拉丁字母，从下至上顺序编写，如图 2-47 所示。

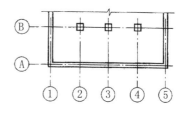

图 2-47 定位轴线的编号顺序

4）拉丁字母作为轴线号时，应全部采用大写字母，不应用同一个字母的大小写来区分轴线号。拉丁字母的 I、O、Z 不得用做轴线编号。当字母数量不够使用，可增用双字母或单字母加数字注脚。

5）组合较复杂的平面图中定位轴线也可采用分区编号（图 2-48）。编号的注写形式应为"分区号——该分区编号"。"分区号——该分区编号"采用阿拉伯数字或大写拉丁字母表示。

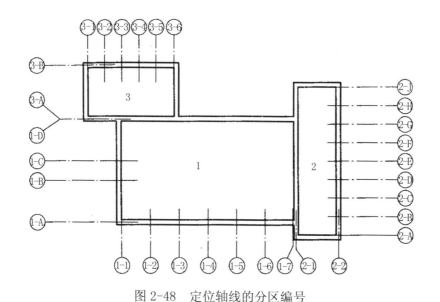

图 2-48 定位轴线的分区编号

6）附加定位轴线的编号，应以分数形式表示，并应符合下列规定：

①两根轴线的附加轴线，应以分母表示前一轴线的编号，分子表示附加轴线的编号。编号宜用阿拉伯数字顺序编写；

②1号轴线或A号轴线之前的附加轴线的分母应以01或0A表示。

7）一个详图适用于几根轴线时，应同时注明各有关轴线的编号，如图2-49所示。

用于2根轴线时　　　用于3根或3根　　　用于3根以上连续
　　　　　　　　　以上轴线时　　　　编号的轴线时

图2-49　详图的轴线编号

8）通用详图中的定位轴线，应只画圆，不注写轴线编号。

9）圆形与弧形平面图中的定位轴线，其径向轴线应以角度进行定位，其编号宜用阿拉伯数字表示，从左下角或 -90°（若径向轴线很密，角度间隔很小）开始，按逆时针顺序编写；其环向轴线宜用大写阿拉伯字母表示，从外向内顺序编写（图2-50、图2-51）。

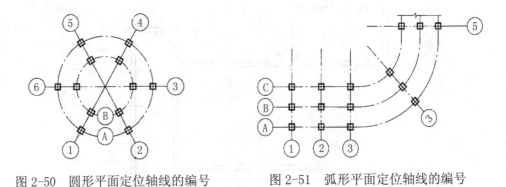

图2-50　圆形平面定位轴线的编号　　　图2-51　弧形平面定位轴线的编号

10）折线形平面图中定位轴线的编号可按图2-52的形式编写。

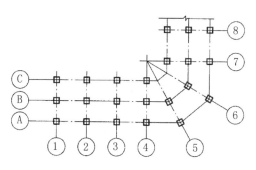

图 2-52　折线形平面定位轴线的编号

建筑工程施工图是按照不同的专业分别进行绘制的，一套完整的建筑工程施工图应包括以下几部分内容。

1. 总图

通常包括建筑总平面布置图，运输与道路布置图，竖向设计图，室外管线综合布置图（包括给水、排水、电力、弱电、暖气、热水、煤气等管网），庭园和绿化布置图，以及各个部分的细部做法详图；还附有设计说明。

2. 建筑专业图

包括个体建筑的总平面位置图，各层平面图，各向立面图，屋面平面图，剖面图，外墙详图，楼梯详图，电梯地坑、井道、机房详图，门廊门头详图，厕所、盥洗室、卫生间详图，阳台详图，烟道、通风道详图，垃圾道详图及局部房间的平面详图、地面分格详图、吊顶详图等。此外，还有门窗表，工程材料做法表和设计说明。

3. 结构专业图

包括基础平面图，桩位平面图，基础剖面详图，各层顶板结构平面图与剖面节点图，各型号柱梁板的模板图，各型号柱梁板的配筋图，框架结构柱梁板结构详图，屋架檩条结构平面图，屋架详图，檩条详图，各种支撑详图，平屋顶挑檐平面图，楼梯结构图，阳台结构图，雨罩结构图，圈梁平面布置图与剖面节点图，构造柱配筋图，墙拉筋详图，各种预埋件详图，各种设备基础详图，以及预制构件数量表和设计说明等。有些工程在配筋图内附有钢筋表。

4. 设备专业图

包括各层上水、消防、下水、热水、空调等平面图，上水、消防、下水、热水、空调各系统的透视图或各种管道的立管详图，厕所、盥洗室、卫生间等局部房间平面详图或局部做法详图，主要设备或管件统计表和设计说明等。

5. 电气专业图

包括各层动力、照明、弱电平面图，动力、照明系统图，弱电系统图，防雷平面图，非标准的配电盘、配电箱、配电柜详图和设计说明等。

上述各专业施工图的内容，仅就常出现的图纸内容列举出来，并非各单项工程都得具备这些内容，还要根据建筑工程的性质和结构类型不同来决定。例如，平屋顶建筑就没有屋架檩条结构平面图。又如，除成片建设的多项工程外，仅单项工程就可能不单独作总图。

第三节 建筑工程施工图的识读

建筑工程施工图是用投影原理和各种图示方法综合应用绘制的。所以，识读时必须具备一定的投影知识，掌握形体的各种图示方法和建筑制图标准的有关规定，要熟记建筑图中常用的图例、符号、线型、尺寸和比例的意义，要具有房屋构造的有关知识。

在识读建筑工程施工图时，应掌握正确的识读方法和步骤，按照"了解总体、顺序看图、前后对照、重点细读"的方法来看图。

（1）了解总体

拿到建筑工程施工图后首先要看目录、总平面图和施工总说明，以大致了解工程的概况，如工程设计单位、建设单位、新建工程项目所在的位置、周围环境、施工技术要求等。对照目录检查图纸是否齐全，采用了哪些标准图集，并准备齐这些标准图集。然后看建筑平、立、剖面图，大体上想象一下建筑物的立体形象及内部布置。

（2）顺序看图

在总体了解建筑物的情况以后，根据施工的先后顺序，从基础到墙体（或柱）、结构的平面布置以及各专业的相互联系和制约、建筑构造及装修的顺序等都要仔细阅读有关图纸。

（3）前后对照

在看建筑工程施工图时，要注意平面图与立面图和剖面图对照着看，建筑施工图和结构施工图对照着看，土建施工图与设备施工图对照着看，对整个工程施工情况及技术要求做到心中有数。

（4）重点细读

根据专业的不同，要读的重点也就不同。在对整个工程情况了解之后，再对专业重点地细读，并将遇到的问题记录下来及时向设计部门反映；必要时可形成文件发给设计部门。

第四节 房屋构造基本知识

1. 基础

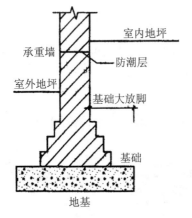

图 2-53 墙下基础与地基示意图

基础是结构的重要组成部分，是在建筑物地面以下承受房屋全部荷载的构件，基础形式一般取决于上部承重结构的形式和地基等形式。地基是指支承建筑物重量和作用的土层或岩层，基坑是为基础施工而在地面开挖的土坑。埋入地下的墙称为基础墙，基础墙与垫层之间做成阶梯形的砌体，称为大放脚。防潮层是为防止地下水对墙体侵蚀的一层防潮材料。如图 2-53 所示。

2. 楼梯

楼梯是建筑物中连接上、下楼层房间交通的主要构件，也是出现各种灾害时人流疏散的主要通道，其位置、数量及平面形式应符合相关规范和标准的规定，并应考虑楼梯对建筑整体空间效果的影响。

（1）楼梯组成

楼梯一般由楼梯段、楼梯平台、栏杆（板）扶手三部分组成，如图 2-54 所示。

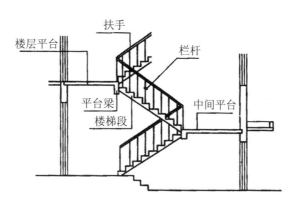

图 2-54　楼梯的组成

（2）楼梯类型

建筑中楼梯的形式多种多样，按照楼梯位置的不同分为室内楼梯和室外楼梯；按照楼梯使用性质的不同分为主要楼梯、辅助楼梯、安全楼梯和防火楼梯；按照楼梯材料的不同分为钢筋混凝土楼梯、钢楼梯、木楼梯及组合材料楼梯；按照楼梯间平面形式的不同分为开敞楼梯间、封闭楼梯间和防烟楼梯间；楼梯的形式主要是由楼梯段（又称楼梯跑）与平台的组合形式来区分的，主要有直上楼梯、曲尺楼梯、双折楼梯（又称转弯楼梯、双跑楼梯）、三折楼梯、螺旋形楼梯、弧形楼梯、有中柱的盘旋形楼梯、剪刀式和交叉式楼梯等。

3. 门窗

门和窗是建筑物中的围护构件。门在建筑中的作用主要是交通联系，并兼有采光、通风之用；窗的作用主要是采光和通风。门窗的形状、尺寸、排列组合以及材料，对建筑物的立面效果影响很大。门窗还要有一定的保温、隔声、防雨、防风沙等能力，在构造上，应满足开启灵活、关闭紧密、坚固耐久、便于擦洗、符合模数等方面的要求。

1）窗。窗根据开启方式的不同有：固定窗、平开窗、横式旋窗、立式转窗、推拉窗等。窗主要由窗框（又称窗樘）和窗扇组成。窗扇有玻璃窗扇、纱窗扇、百叶窗扇和板窗扇等。

2）门。门的开启形式主要由使用要求决定，通常有平开门、弹簧门、推拉门、折叠门、转门。较大空间活动的车间、车库和公共建筑的外门，还有上翻门、升降门、卷帘门等。

4. 楼板

楼板是用来分隔建筑空间的水平承重构件，其在竖向将建筑物分成许多个楼层，可将使用荷载连同其自重有效地传递给其他的竖向支撑构件，即墙或柱，再由墙或柱传递给基础，在砖混结构建筑中，楼板对墙体起着水平支撑作用，并且具有一定的隔声、防水、防火等功能。

5. 墙体和柱

（1）墙体类型

作为建筑的重要组成部分，墙体在建筑中分布广泛。如图 2-55 所示为某宿舍楼的水平剖切立体图，从图中可以看到很多面墙，由于这些墙所处位置不同及建筑结构布置方案的不同，其在建筑中起的作用也不同。

1）按墙体的承重情况分类

按墙体的承重情况分为承重墙和非承重墙两类。凡是承担建筑上部构件传来荷载的墙称为承重墙；不承担建筑上部构件传来荷载的墙称为非承重墙。

非承重墙包括自承重墙、框架填充墙、幕墙和隔墙。其中，自承重墙不承受外来荷载，其下部墙体只负责上部墙体的自重；框架填充墙是指在框架结构中，填充在框架中间的墙；幕墙是指悬挂在建筑物结构外部的轻质外墙，如玻璃幕墙、铝塑板墙等；隔墙是指仅起分隔空间、自身重量由楼板或梁分层承担的墙。

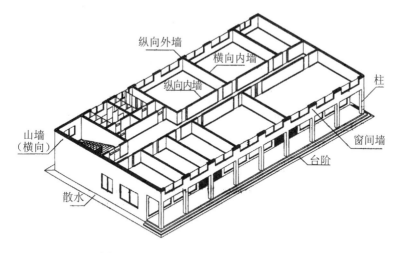

图 2-55　墙体的位置、作用和名称

2）按墙体在建筑中的位置、走向及与门窗洞口的关系分类

按墙体在建筑中的位置，可以分为外墙、内墙两类。沿建筑四周边缘布置的墙称为外墙；被外墙所包围的墙体称为内墙。按墙体的走向，可以分为纵墙和横墙。从图 2-56 中可以看出沿建筑物长轴方向布置的墙为纵墙；沿建筑物短轴方向布置的墙为横墙。沿着建筑物横向布置的首尾两端的横墙为山墙；在同一道墙上门窗洞口之间的墙体为窗间墙；门窗洞口上下的墙体称为窗上或窗下墙。

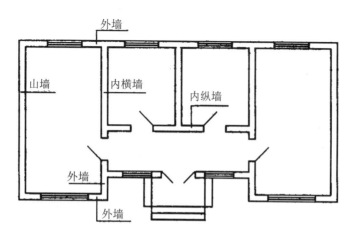

图 2-56　墙体的各部分名称

3）按砌墙材料分类

按砌墙材料的不同可以分为砖墙、砌块墙、石墙、混凝土墙、板材墙和幕墙等。

4）按墙体的施工方式和构造分类

按墙体的施工方式和构造，可以分为叠砌式、版筑式和装配式三种。其中，叠砌式是一种传统的砌墙方式，如实砌砖墙、空斗墙、砌块墙等；版筑式的砌墙材料往往是散状或塑性材料，依靠事先在墙体部位设置模板，然后在模板内夯实与浇筑材料而形成墙体，如夯土墙、滑模或大模板钢筋混凝土墙；装配式墙是由构件生产厂家事先制作墙体构件，在施工现场进行拼装，如大板墙、各种幕墙。

（2）柱的分类

柱是建筑物中垂直的主结构件，承托在它上方物件的重量。

1）按截面形式分

按截面形式可以分为方柱、圆柱、矩形柱、工字形柱、H形柱、T形柱、L形柱、十字形柱、双肢柱、格构柱。

2）按所用材料分

按所用材料可以分为石柱、砖柱、砌块柱、木柱、钢柱、钢筋混凝土柱、劲性钢筋混凝土柱、钢管混凝土柱和各种组合柱。

3）按长细比分

按长细比可以分为短柱、长柱、中长柱。

6. 屋顶

屋顶是建筑物围护结构的一部分，是建筑立面的重要组成部分，除应满足自重轻、构造简单、施工方便等要求外，还必须具备坚固耐久、防水排水、保温隔热、抵御侵蚀等功能。

屋顶的类型与建筑物的屋面材料、屋顶结构类型以及建筑造型要求等因素有关。按照屋顶的排水坡度和构造形式，屋顶分为平屋顶、坡屋顶和曲面屋顶三种类型。

第五节 房屋结构的分类、形式

房屋建筑结构是指根据房屋的梁、柱、墙等主要承重构件的建筑材料划分类别。

（1）钢结构

承重的主要结构是用钢材建造的,包括悬索结构。常见的建筑如钢铁厂房、大型体育场等。

（2）钢筋混凝土

承重的主要结构如墙、柱、梁、楼板、楼体、屋面板等用钢筋混凝土制成,非承重墙用砖或其他材料填充。这种结构抗震性能好,整体性强,耐火性、耐久性、抗腐蚀性强。

1）框架结构:由梁、板、柱组成建筑承重结构,墙体仅作为分隔和保温用途。

2）剪力墙结构:由梁、板、墙体组成建筑承重结构,部分墙体承在结构中受力。

（3）砖混结构

建筑中竖向承重结构的墙、柱等采用砖或砌块砌筑,柱、梁、楼板、屋面板等采用钢筋混凝土结构。通俗地讲,砖混结构是以小部分钢筋混凝土和大部分砖墙承重。

（4）砖木结构

承重的主要结构是用砖、木材建造的,如一幢房屋是木屋架、砖墙、木柱建造。房屋两侧（指一排或一幢下同）山墙和前沿横墙厚度为一砖以上的砖木一等；房屋两侧山墙为一砖以上，前沿横墙厚度为半砖、板壁、假墙或其他单墙，厢房山墙厚度为一砖，厢房前沿墙和正房前沿墙不足一砖的为砖木二等；房屋两侧山墙以木架承重，用半砖墙或其他假墙填充，或者以砖墙、木屋架、瓦屋面、竹桁条组成的为砖木三等。

第三章
常用的砌筑材料

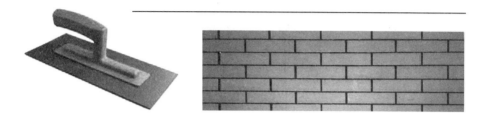

第一节 砌体用砖

砌筑用砖主要包括:烧结普通砖、烧结多孔砖、烧结空心砖、蒸压灰砂砖、蒸压粉煤灰砖等。

1. 烧结普通砖

烧结普通砖（图 3-1）按所用原材料不同，分为:烧结黏土砖、烧结页岩砖、烧结煤矸石砖和烧结粉煤灰砖。

烧结普通砖根据抗压强度分为 MU30、MU25、MU20、MU15、MU10 五个强度等级。

强度和抗风化性能合格的砖，根据尺寸偏差、外观质量、泛霜和石灰爆裂分为优等品、一等品、合格品三个质量等级。优等品适用于砌筑清水砖砌体，一等品、合格品可用于砌筑混水砖砌体。

烧结普通砖的外形为直角六面体，其公称尺寸为:长 240mm，宽 115mm，高53mm。配砖（七分头）公称尺寸为：长175mm，宽115mm，高53mm。

烧结普通砖的尺寸允许偏差与外观质量等要求详见国家标准《烧结普通砖》（GB 5101—2003）。

图3-1 烧结普通砖

2. 烧结多孔砖

图3-2 烧结多孔砖

烧结多孔砖（图3-2）按主要原料的不同分为：黏土多孔砖、页岩多孔砖、煤矸石多孔砖、粉煤灰多孔砖。烧结多孔砖孔洞率不小于15%，且不大于30%，为竖孔，孔的尺寸小而数量多，主要用于承重部位。

烧结多孔砖根据抗压强度分为MU30、MU25、MU20、MU15、MU10五个强度等级。

强度和抗风化性能合格的多孔砖，根据尺寸偏差、外观质量、孔型及孔洞排列、泛霜、石灰爆裂分为优等品、一等品、合格品三个质量等级。

烧结多孔砖的外形为直角六面体，其长度、宽度、高度尺寸应符合下列要求：290mm、240mm、190mm、180mm、175mm、140mm、115mm、90mm。目前，采用较多的外形尺寸为240mm×115mm×90mm和190mm×190mm×90mm，分别称为P（普通）型多孔砖和M（模数）型多孔砖。

烧结多孔砖的孔洞尺寸规定：圆孔直径≤22mm；非圆孔内切圆直径≤15mm；手抓孔30.40mm×75.85mm。

烧结多孔砖的尺寸允许偏差与外观质量等要求详见国家标准《烧结多孔砖和多孔砌块》（GB 13544-2011）。

3. 烧结空心砖

烧结空心砖按主要原料的不同分为：黏土空心砖、页岩空心砖、煤矸石空心砖。烧结空心砖空洞率一般为 40% ～ 60%，为水平孔，孔的尺寸大而数量少，主要用于非承重部位。

烧结空心砖根据抗压强度分为 MU5、MU3、MU2 三个强度等级。

烧结空心砖根据密度分为 800、900、1100 三个密度等级。

每个密度等级根据孔洞及其排数、尺寸偏差、外观质量、强度等级和物理性能分为优等品、一等品、合格品三个质量等级。

烧结空心砖的外形为直角六面体，在与砂浆的结合面应设有增加结合力的深度 1mm 以上的凹线槽。其长度、宽度、高度尺寸应符合下列要求：290mm、190mm、140mm、90mm、240mm、180mm、175mm、115mm。

烧结空心砖的壁厚应大于 10mm，肋厚应大于 7mm。孔洞采用矩形条孔或其他孔形，且平行于大面和条面。

烧结空心砖的尺寸允许偏差与外观质量等要求详见国家标准《烧结空心砖和空心砌块》（GB 13545）。

4. 蒸压灰砂砖

蒸压灰砂砖（图 3-3）是以石灰和砂为主要原料，经坯料制备、压制成型，再经蒸压养护而成的实心砖。蒸压灰砂砖具有强度高、大气稳定性好、尺寸偏差小、外形平整等特点，可用于承重部位。但不适用于长期受热 200℃以上，受急冷急热或有酸性介质侵蚀的环境。另外，蒸压灰砂砖早期收缩值较大，为了避免砌体产生收缩裂缝，要求蒸压灰砂砖出窑后应存放至少 28d 才能用于砌筑。

图 3-3 蒸压灰砂砖

蒸压灰砂砖根据抗压强度和抗折强度分为 MU25、MU20、MU15、MU10 四个强度等级。

蒸压灰砂砖根据尺寸偏差和外观质量等分为优等品、一等品、合格品三个质量等级。

蒸压灰砂砖的外形为直角六面体，其公称尺寸为：长 240mm，宽 115mm，高 53mm。

蒸压灰砂砖的尺寸允许偏差与外观质量等要求详见国家标准《蒸压灰砂砖》（GB 11945）。

5. 蒸压粉煤灰砖

蒸压粉煤灰砖是以粉煤灰和石灰为主要原料，掺加适量石膏和炉渣，经坯料制备、压制成型、高压蒸汽养护而制成的实心砖。蒸压粉煤灰砖早期收缩值较大，为了避免砌体产生收缩裂缝，要求蒸压粉煤灰砖出窑后应存放至少 28d 才能用于砌筑。蒸压粉煤灰砖不得用于长期受热 200℃以上以及受急冷急热和有酸性介质侵蚀的建筑部位。

蒸压粉煤灰砖的强度等级根据抗压强度及抗折强度分为：MU25、MU20、MU15、MU10 四个强度等级。

蒸压粉煤灰砖根据尺寸偏差、外观质量和干燥收缩等分为优等品、一等品、合格品三个质量等级。

蒸压粉煤灰砖的外形为直角六面体，其公称尺寸为：长 240mm，宽 115mm，高 53mm，蒸压粉煤灰砖的尺寸允许偏差与外观质量等要求详见《粉煤灰砖》（JC 239）。

6. 炉渣砖

炉渣砖又称煤渣砖，是以煤燃烧后的残渣为主要原料，掺入适量石灰和石膏，经加水搅拌混合、压制成型、蒸养或蒸压养护而制成的实心砖。其特点类似前述灰砂砖和粉煤灰砖，要求出窑后应存放至少28d才能用于砌筑，并不得用于长期受热200℃以上以及受急冷急热和有酸性介质侵蚀的建筑部位。用于基础或用于易受冻融和干湿交替作用的建筑部位必须使用MU15及以上的砖。

炉渣砖根据抗压强度和抗折强度分为MU25、MU20、MU15、MU10四个强度等级。

炉渣砖根据尺寸偏差、外观质量、强度等级分为优等品、一等品、合格品三个质量等级。

炉渣砖的外形和公称尺寸同烧结普通砖。

第二节 砌体工程用小型砌块

砌块是指砌筑用人造块材，外形多为直角六面体，也有各种异形的。砌块系列中主规格的长度、宽度或高度有一项或一项以上分别大于365mm、240mm或115mm，但高度不大于长度或宽度的6倍，长度不超过高度的3倍。砌块系列中主规格高度大于115mm，而又小于380mm的砌块称为小型砌块，简称小砌块。

小型砌块按其所用材料不同，有蒸压加气混凝土砌块、普通混凝土小型空心砌块、轻骨料混凝土小型空心砌块、粉煤灰砌块、粉煤灰小型空心砌块、石膏砌块等。

1. 蒸压加气混凝土砌块

蒸压加气混凝土砌块（图3-4）是以水泥、矿渣、砂、石灰等为原料，加入发气剂，经搅拌、成型、高压蒸汽养护而成。

图 3-4 蒸压加气混凝土砌块

2. 普通混凝土小型空心砌块

普通混凝土小型空心砌块（图 3-5）以水泥、砂、碎石或卵石、水等预制而成。

图 3-5 普通混凝土小型空心砌块

3. 轻骨料混凝土小型空心砌块

图 3-6 轻骨料混凝土小型空心砌块

轻骨料混凝土小型空心砌块（图 3-6）以水泥、轻骨料、砂、水等预制成的。

轻骨料混凝土小型空心砌块主规格尺寸为 390mm×190mm×190mm。按其孔的排数有：实心、单排孔、双排孔、三排孔和四排孔五类，如图 3-6 所示。

4. 粉煤灰砌块

粉煤灰砌块是以粉煤灰、石灰、石膏和骨料等为原料，加水搅拌、振动成型、蒸汽养护而制成的。

5. 粉煤灰小型空心砌块

粉煤灰小型空心砌块是以粉煤灰、水泥及各种轻重骨料加水经拌合制成的小型空心砌块。其中粉煤灰用量不应低于原材料重量的10%，生产过程中也可加入适量的外加剂调节砌块的性能。

6. 石膏砌块

石膏砌块（图3-7）是以建筑石膏为原料，加水拌合，浇筑成型，自然干燥或烘干而制成的轻质块状隔墙材料，在生产中还可加入各种轻骨料、填充料、纤维增强材料、发泡剂等辅助原料，也可用高强石膏粉或部分水泥代替建筑石膏，并掺加粉煤灰生产石膏砌块。

图3-7 石膏砌块

第三节 砌体结构用石

石砌体所用的石材应质地坚实，无风化剥落和裂纹。用于清水墙、柱表面的石材，尚应色泽均匀。

砌筑用石有毛石和料石两类。

1. 毛石

图 3-8 毛石外形

毛石（图 3-8）分为乱毛石和平毛石两种。

乱毛石是指形状不规则的石块；平毛石是指形状不规则，但有 2 个子面大致平行的石块。毛石应呈块状，其中部厚度不宜小于 150mm，如图 3-8 所示。

毛石的强度等级分为 MU100、MU80、MU60、MU50、MU40、MU30 和 MU20。其强度等级是以 70mm 边长的立方体试块的抗压强度表示（取 3 块试块的平均值）。

2. 料石

图 3-9 方块石外形

料石按其加工面的平整程度分为方块石（图 3-9）、粗料石（图 3-10）、细料石（图 3-11）和条石（图 3-12）、板石（图 3-13）等。

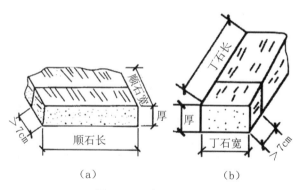

（a）　　　　　　　　　（b）

图 3-10　粗料石外形

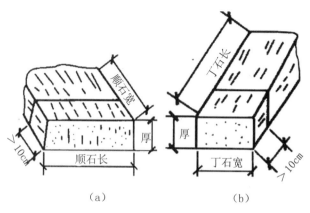

（a）　　　　　　　　　（b）

图 3-11　细料石外形

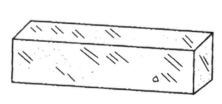

图 3-12　条石

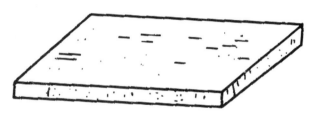

图 3-13　板石

第四节 砌筑砂浆

砌筑砂浆是由水泥、砂、掺加料或外加剂和水按一定比例配制而成。砂浆的作用是把块体粘结成整体，起胶粘作用；并抹平块体表面使其均匀受力，起承载和传力作用；另外，还可以填实缝隙，起到保温隔热密封作用。

1. 砌筑砂浆的种类

砌筑砂浆一般分为水泥砂浆、混合砂浆、石灰砂浆。

（1）水泥砂浆

水泥砂浆是由水泥和砂子按一定比例混合搅拌而成，它可以配制强度较高的砂浆。水泥砂浆一般应用于基础、长期受水浸泡的地下室和承受较大外力的砌体。

（2）混合砂浆

混合砂浆一般由水泥、石灰膏、砂子拌合而成。一般用于地面以上的砌体。混合砂浆由于加入了石灰膏，改善了砂浆的和易性，操作起来比较方便，有利于砌体密实度和工效的提高。

（3）石灰砂浆

石灰砂浆是由石灰膏和砂子按一定比例搅拌而成的砂浆，完全靠石灰的气硬而获得强度。

（4）其他砂浆

1）防水砂浆。在水泥砂浆中加入 3% ～ 5% 的防水剂制成防水砂浆。防水砂浆应用于需要防水的砌体（如地下室、砖砌水池、化粪池等），也广泛用于房屋的防潮层。

2）嵌缝砂浆。一般使用水泥砂浆，也有用石灰砂浆的。其主要特点是砂子必须采用细砂或特细砂，以利于勾缝。

3）聚合物砂浆。它是一种掺入一定量高分子聚合物的砂浆，一般用于有特殊要求的砌筑物。

2. 砌筑砂浆原材料

（1）水泥

砌筑用水泥（图 3-14）对品种、强度等级没有限制，但使用水泥时，应注意水泥的品种性能及适用范围。宜选用普通硅酸盐水泥或矿渣硅酸盐水泥，不宜选用强度等级太高的水泥，水泥砂浆不宜选用水泥强度等级大于 32.5 级的水泥，混合砂浆不宜选用水泥强度等级大于 42.5 级的水泥。对不同厂家、品种、强度等级的水泥应分别贮存，不得混合使用。

图 3-14　水泥

水泥进入施工现场应有出厂质量保证书，且品种和强度等级应符合设计要求。对进场的水泥质量应按有关规定进行复检,经试验鉴定合格后方可使用,出厂日期超过90d的水泥(快硬硅酸盐水泥超过30d)应进行复检,复检达不到质量标准不得使用。严禁使用安定性不合格的水泥。

(2)砂

砖砌体、砌块砌体及料石砌体用的砂浆宜用中砂(图3-15),砌毛石用的砂浆宜用粗砂,并应过筛,不得含有草根、土块、石块等杂物。砂应进行抽样检验并符合现行国家标准的要求。采用细砂的地区,砂的允许含泥量可经试验后确定。

图3-15 中砂

(3)石灰

1)石灰岩经煅烧分解,放出二氧化碳气体,得到的产品即为生石灰。

2)熟化后的石灰称为熟石灰,其成分以氢氧化钙为主。根据加水量的不同,石灰可被熟化成粉状的消石灰、浆状的石灰膏和液体状态的石灰乳。

3)生石灰熟化成石灰膏时,应用孔洞不大于3mm×3mm的网过滤,熟化时间不得少于7d;对于磨细生石灰粉,其熟化时间不得少于1d。沉淀池中贮存的石灰膏,应防止干燥、冻结和污染。严禁使用脱水硬化的石灰膏。

（4）黏土膏

采用黏土或亚黏土制备黏土膏时，宜用搅拌机加水搅拌，通过孔径不大于 3mm×3mm 的网过筛。用比色法鉴定黏土中的有机物含量时应浅于标准色。

（5）粉煤灰

粉煤灰品质等级用 3 级即可。砂浆中的粉煤灰取代水泥率不宜超过 40%，砂浆中的粉煤灰取代石灰膏率不宜超过 50%。

（6）有机塑化剂

有机塑化剂应符合相应的有关标准和产品说明书的要求。当对其质量有怀疑时，应经试验检验合格后，方可使用。

（7）水

宜采用饮用水。当采用其他来源水时，水质必须符合《混凝土用水标准》（JGJ 63—2006）的规定。

（8）外加剂

引气剂、早强剂、缓凝剂及防冻剂应符合国家质量标准或施工合同确定的标准，并应具有法定检测机构出具的该产品砌体强度型式检验报告，还应经砂浆性能试验合格后方可使用。其掺量应通过试验确定。

3. 砂浆制备

砂浆的制备通常应符合以下要求：

（1）砂浆配比

砌筑砂浆的配合比是指砂浆的组成材料（胶结料、骨料和掺合料）之间的重量比，以水泥重量为 1，其他材料重量与水泥重量之比表示。例如：水泥石灰砂浆的配合比为 $1:0.47:7.28:1.48$，表示水泥重量为 1，石灰膏重量为 0.47，砂重量为 7.28，水重量为 1.48。假设一次用水泥 50kg，则石灰膏重量为 $50×0.47＝23.5kg$，砂重量为 $50×7.28＝364kg$，水重量为 $50×1.48＝74kg$。

砌筑砂浆配合比应事先通过试配确定。

（2）砂浆搅拌时间

水泥砂浆和水泥混合砂浆搅拌时间不得少于 2min；掺用外加剂的砂浆搅拌时间不得少于 3min；掺用有机塑化剂的砂浆，搅拌时间应为 $3 \sim 5$min。同时还应具有较好的和易性和保水性，一般稠度以 $5 \sim 7$cm 为宜。

（3）砂浆搅拌

砂浆应采用机械搅拌，应搅拌均匀，随拌随用，水泥砂浆和水泥混合砂浆应分别在 3h 和 4h 内使用完毕；当施工期间最高气温超过 30℃时，应分别在拌成后 2h 和 3h 内使用完毕。细石混凝土应在 2h 内用完。

（4）砂浆试块的制作

在每一楼层或 250m³ 砌体中，每种强度等级的砂浆应至少制作一组（每组六块）；当砂浆强度等级或配合比有变更时，也应制作试块。

砂浆拌成后和使用时，均应盛入灰斗内，如砂浆出现沁水现象（水上浮而砂下沉），应在砌筑前再次搅拌。砂浆应随拌随用。

第四章
常用的砌筑工具

第一节 砌体、铺设工具

1. 手工工具

（1）瓦刀

瓦刀又叫泥刀、砌刀，主要用来砍砖、打灰条、摊铺砂浆等。瓦刀分为片刀和条刀两种，如图 4-1 所示。

（a）片刀　　　　　　　　　　　　　　（b）条刀

图 4-1　瓦刀

（2）大铲

用于铲灰、铺灰和刮浆的工具，也可以在操作中用它随时调和砂浆。大铲以桃形者居多，也有长三角形大铲、长方形大铲和鸳鸯大铲（图 4-2）。它是实施"三一"（一铲灰、一块砖、一揉挤）砌筑法的关键工具。各种大铲形状如图 4-2 所示。

（a）长方形大铲

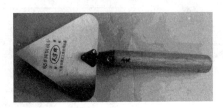

（b）桃形大铲

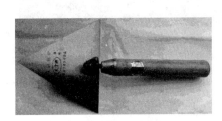

（c）长三角形大铲

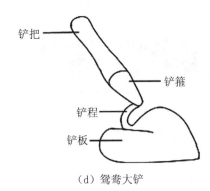

铲把
铲箍
铲程
铲板

（d）鸳鸯大铲

图 4-2 大铲

（3）灰板

灰板（图 4-3）又叫托灰板，在勾缝时用来承托砂浆。灰板用不易变形木材制成。

（4）摊灰尺

摊灰尺（图 4-4）用于控制灰缝及摊铺砂浆。它用不易变形的木材制成。

图 4-3 灰板

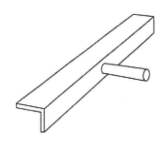

图 4-4 摊灰尺

（5）溜子

又叫灰匙、勾缝刀，一般以 $\phi 8$ 钢筋打扁制成，并装上木柄，通常用于清水墙勾缝。用 $0.5 \sim 1mm$ 厚的薄钢板制成的较宽的溜子，则用于毛石墙的勾缝。溜子形状如图 4-5 所示。

图 4-5 溜子

（6）抿子

抿子（图 4-6）用于石墙抹缝、勾缝，多用 $0.8 \sim 1mm$ 厚钢板制成，并装上木柄。

（7）刨锛

刨锛用以打砍砖块，也可当作小锤与大铲配合使用。刨锛形状如图 4-7 所示。

图 4-6 抿子

图 4-7 刨锛

（8）钢凿

钢凿又称錾子，与手锤配合，用于开凿石料、异形砖等。其直径为 20～28mm，长 150～250mm，端部有尖、扁两种。钢凿形状如图 4-8 所示。

（9）手锤

手锤俗称小榔头，用于敲凿石料和开凿异形砖。手锤形状如图 4-9 所示。

图 4-8 钢凿

图 4-9 手锤

2. 备料工具

（1）砖夹

施工单位自制的夹砖工具。可用 ϕ16 钢筋锻造，一次可以夹起 4 块标准砖，用于装卸砖块。砖夹形状如图 4-10 所示。

图 4-10 砖夹

（2）筛子

筛子用于筛砂。常用筛孔尺寸有 4mm、6mm、8mm 等几种，有手筛、立筛、小方筛三种。筛子的形状如图 4-11 所示。

（a）手筛

（b）立筛

图 4-11 筛子

（3）料斗

料斗是在塔吊施工时，用来垂直运输砂浆的工具。料斗的形状如图 4-12 所示。

图 4-12 料斗

（4）锹、铲等工具

人工拌制砂浆用的各类锹、铲等工具，如图4-13所示。

（a）铁锹

（b）耙子

图4-13　人工拌制砂浆用具

（5）工具车

一般用于运输砂浆和其他散装材料，如图4-14所示。

（6）砖笼

是用塔式起吊机吊运砖块时，罩在砖块外面的安全罩，如图4-15所示。

图4-14　工具车　　　　　　　　　　　图4-15　砖笼

（7）灰槽

主要是供砖瓦工存放砂浆用，如图 4-16 所示。

其他供砖瓦、砌筑工用手动工具还有灰桶、橡胶水管、钢丝刷等。

图 4-16 灰槽

3. 检测工具

（1）钢卷尺

主要用来量测轴线尺寸、位置，墙长、墙厚，门窗洞口尺寸，留洞位置尺寸等。如图 4-17 所示。

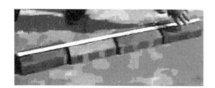 

图 4-17 钢卷尺

（2）塞尺

塞尺与托线板配合使用，以测定墙、柱的垂直、平整度的偏差。塞尺上每一格表示厚度方向为 1mm，如图 4-18 所示。

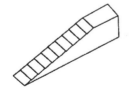 

图 4-18 塞尺

（3）水平尺

水平尺是用来检测砌体水平面与垂直面的偏差，一般用木、铁和铝合金制成，中间镶嵌玻璃水准管，如图 4-19 所示。

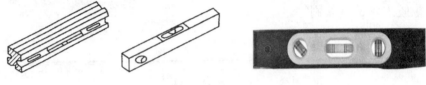

图 4-19　水平尺

（4）百格网

用于检查砌体水平缝砂浆饱满度的工具。可用钢丝编制锡焊而成，也有在有机玻璃上划格而成，其规格为一块标准砖的大面尺寸，如图 4-20 所示。

（5）方尺

用木材制成边长为 200mm 的 90°角尺，有阴角和阳角两种，分别用于检查砌体转角的方整程度，如图 4-21 所示。

图 4-20　百格网　　　　　　　　　　图 4-21　方尺

（6）龙门板

主要是在房屋定位放线后，砌筑时定轴线、中心线的标准。定位时一般要求板顶面的高程即为建筑物的相对标高 ±0.000m。在板上画出轴线位置，以画"中"字示意，板顶面还要钉一根 20 ～ 25mm 长的钉子，如图 4-22 所示。

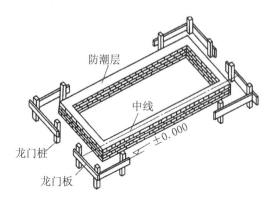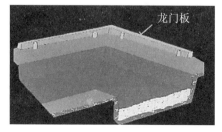

图 4-22 龙门板

（7）线锤

用来检查砖柱、垛、门窗口的面和角是否垂直。线锤是用金属制成的圆锥体，如图 4-23 所示。

图 4-23 线锤

（8）托线板、靠尺板

常见规格为 1.2 ～ 1.5m，与线锤配合用于检查墙面垂直及平整度，如图 4-24、图 4-25 所示。板的中心弹有墨线，顶端中部可挂线锤。检查墙面的平整时，将托线板靠在墙面上，若板边与墙面接触严密，则说明墙面平整。检查墙面的垂直时，将板的一侧垂直紧靠墙面，当线锤停止自由摆动时，线锤的小线如与板中的竖直墨线重合，说明墙面垂直，否则墙面不垂直。

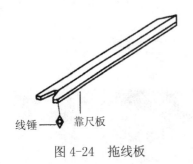

线锤　靠尺板

图 4-24　拖线板

图 4-25　靠尺板

（9）皮数杆

层数、门窗洞口及梁板位置的辅助工具。截面尺寸 50mm×50mm 左右，长度视需要而定。如图 4-26 所示。

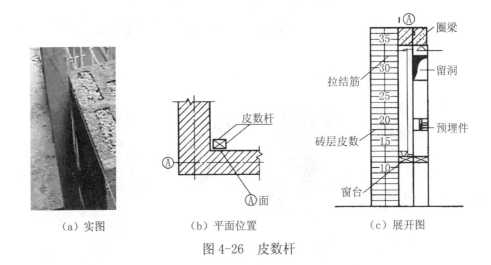

（a）实图　　　　（b）平面位置　　　　（c）展开图

图 4-26　皮数杆

（10）准线（挂线）

砌筑时拉的细线，一般使用直径 0.5～1mm 的小白线、麻线、尼龙线或弦线等，用于砌体砌筑时保证砖层平直与墙厚，是砌砖的依据。准线要有足够的抗拉强度。准线如图 4-27 所示。

图 4-27　准线（挂线）

第二节　机械设备

1. 砂浆搅拌机

砂浆搅拌机是砌筑工程中的常用机械，用来制备砌筑和抹灰用的砂浆。工程中常用的砂浆搅拌机有翻出料式的 HJ-200 型、HJ-200B 等，如图 4-28 所示。

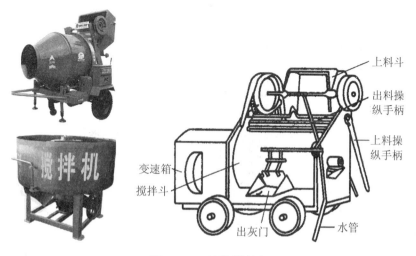

图 4-28　砂浆搅拌机

其使用和维护方法如下:

1）砂浆搅拌机在使用前应仔细检查搅拌叶片是否有松动现象，发现有松动，应及时紧固搅拌叶片螺栓，否则易打坏拌筒，甚至卡弯转轴发生事故。

2）在使用前应检查各润滑处的润滑情况，要确保机械有充分的润滑，确保电机温度不超过铭牌规定值，且保持电机和轴承温度不超过 60℃ 为宜。

3）在使用前应检查电器线路连接、开关接触情况是否良好。

4）检查接地装置或电动机的接零是否良好，三角皮带的松紧是否合适，进出料装置的操纵是否灵活和安全，发现问题应及时处理。

5）使用时要在正常转速下加料，加料量不能超过规定容量，严格防止粗石块或铁棒等其他物件落入拌筒内，不准用木棍或其他工具去拨、翻拌筒中的材料，中途停机前必须将拌筒中的材料倒出来，以免增加下次启动时的负荷。

6）工作结束后要进行全面的清洗和日常保养。

2. 垂直运输设备

（1）井架

一般用型钢支设，并配置吊篮（或料斗）、天梁、卷扬机，形成垂直运输系统，常用于多层建筑施工。井架结构如图 4-29 所示。

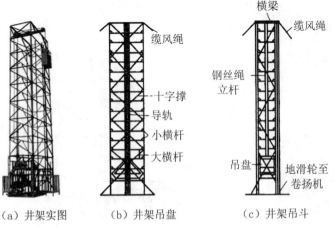

（a）井架实图　　（b）井架吊盘　　（c）井架吊斗

图 4-29　井架运输机

（2）龙门架

由2根立杆和横梁构成。立杆由型钢组成，配上吊篮用于材料的垂直运输，如图4-30所示。

绕风绳
起重索
立管
吊篮
停放吊篮的支撑架

图4-30 龙门架

（3）卷扬机

卷扬机是升降井架和龙门架上吊篮的动力装置，如图4-31所示。

（4）附壁式升降机（施工电梯）

附壁式升降机又叫附墙外用电梯，它是由垂直井架和导轨式外用笼式电梯组成，用于高层建筑的施工。该设备除载运工具和物料外，还可乘人上下，架设安装比较方便，操作简单，使用安全。附壁式升降机如图4-32所示。

图4-31 卷扬机　　　　图4-32 附壁式升降机

（5）塔式起重机

塔式起重机俗称塔吊。塔式起重机有固定式和行走式两类。塔吊必须由经过专职培训合格的专业人员操作，并需专门人员指挥塔吊吊装，其他人员不得随意乱动或胡乱指挥。塔式起重机形状如图 4-33 所示。

图 4-33　塔式起重机

第三节　砌筑用脚手架

脚手架一般分为木、竹和金属三种材质，目前建筑施工中，使用最多的是钢管脚手架，钢管一般采用外径 48～51mm、壁厚 3～3.5mm 的焊接钢管，连接件采用铸铁扣件。这样的脚手架搭建灵活，安全度高，使用方便。

在搭设和使用脚手架的过程中，要注意以下问题：

1）脚手架的搭设和拆除应由专业架子工搭设，未经验收检查的不能使用。

2）使用中未经专业搭设责任人同意，不得随意自搭或自行拆除某些杆件。

（1）搭设要求

当墙身砌筑高度超过地坪 1.2m 时，应由架子工搭设脚手架，一层以上或

4m 以上高度时，应架设安全网，如图 4-34 所示。

所设的各类安全设施，如安全网、安全维护栏杆等不得任意拆除。

（2）上下方法

下脚手架应走斜道或梯子，不得任意攀爬脚手架，如图 4-35 所示。

图 4-34　安全网　　　　　　　　　　　图 4-35　上下方法

（3）堆砖、堆料

架子上的堆料荷载应不超过 2.7kN/m^2，堆砖不能超过三层，砖要领头朝外码放，灰斗及其他的材料应分散放置。

（4）检查、加固

大雨和大风过后，应仔细检查整个脚手架，发现沉降、偏斜、变形应立即报告，经纠正加固后，方准使用。当脚手架上有霜、雪时，应清扫干净后，方准砌墙操作。

1. 外脚手架

在外墙外面搭设的脚手架称为外脚手架。

钢管扣件式外脚手架，这种脚手架可沿外墙双排或单排搭设，钢管之间靠"扣件"连接。"扣件"有直交的、任意角度的和特殊型的3种。钢管一般用 ϕ57 厚 3.5mm 的无缝钢管。搭设时每隔 30m 左右应加斜撑一道。钢管扣件及钢管扣件式外脚手架，如图 4-36、图 4-37 所示。

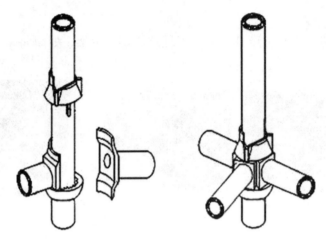

图 4-36　钢管扣件

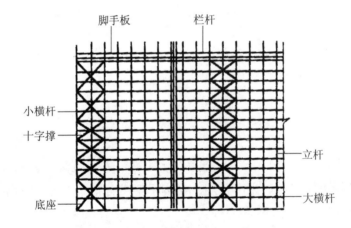

图 4-37　钢管扣件式外脚手架立面图

混合式脚手架，即桁架与钢管井架结合。这样，可以减少立柱数量，并可利用井架输送材料。桁架可以自由升降，以减少翻架时间，如图 4-38 所示。

门形框架脚手架的宽度有 1.2m、1.5m、1.6m 和高度为 1.3m、1.7m、1.8m、2.0m 等数种。框架立柱材料均采用 ϕ38 ～ ϕ40 厚 3mm 的钢管焊接而成，如图 4-39 所示。

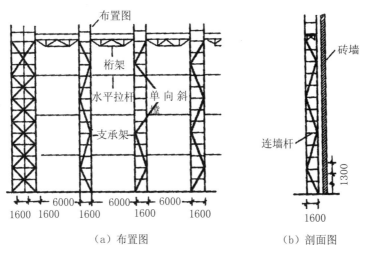

（a）布置图　　　　　　　（b）剖面图

图 4-38　钢管扣件混合式脚手架

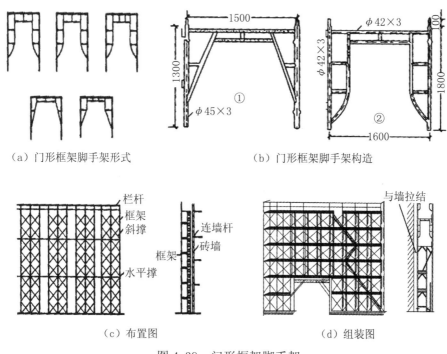

（a）门形框架脚手架形式　　　　（b）门形框架脚手架构造

（c）布置图　　　　　　　　　（d）组装图

图 4-39　门形框架脚手架

　　安装时要特别注意纵横支撑、剪刀撑的布置及其与墙面的拉结，以确保脚手架的稳定。

2. 悬挂式脚手架

悬挂式脚手架直接悬挂在建筑物已施工完并具有一定强度的柱、板或屋顶等承重结构上。它也是一种外脚手架，升降灵活，省工省料，既可用于墙体砌筑，也可用于外墙装修。

桥式悬挂脚手架（图 4-40），主要用于 6m 柱距的框架结构房屋的砌墙工程中。铺有脚手板的轻型桁架，借助三角挂架支承于框架柱上。三角挂架一般用∟50×5 组成，宽度为 1.3m 左右，通过卡箍与框架柱连结。脚手架的提升则依靠塔式起重机或其他起重设备进行。

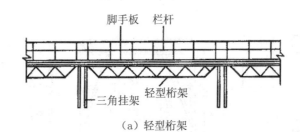

（a）轻型桁架

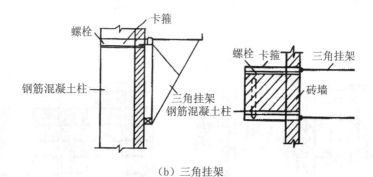

（b）三角挂架

图 4-40　桥式悬挂脚手架

能自行提升的悬挂式脚手架（图 4-41），它由悬挑部件、吊架、操作台、升降设备等组成，适用于小跨度框架结构房屋或单层工业厂房的外墙砌筑装饰工程。升降设备通常可采用手扳葫芦，操纵灵活，能随时升降，升降时应尽量保持提升速度一致。吊架也可用吊篮代替。悬挑部件的安装务须牢固可靠，防止出现倾翻事故。

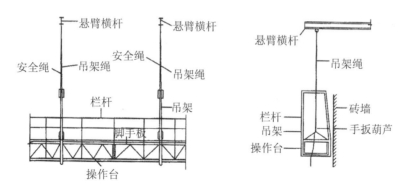

图 4-41 提升式吊架

3. 内脚手架

目前，砖、钢筋混凝土混合结构房屋的砌墙工程中，一般均采用内脚手脚，即将脚手架搭设在各层楼板上进行砌筑。这样，每个楼层只需搭设两步或三步架，待砌完一个楼层的墙体后，再将脚手架全部翻到上一楼层上去。由于内脚手架装拆比较频繁，故其结构形式的尺寸应力求轻便灵活，做到装拆方便，转移迅速。

内脚手架形式很多，如图 4-42 所示。

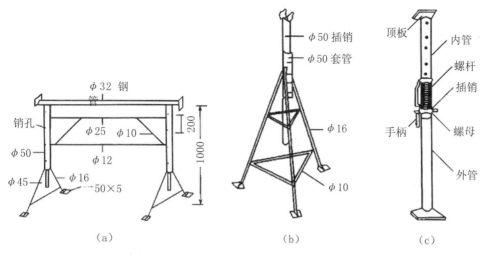

图 4-42 内脚手架形式示例（单位：mm）

图 4-42（c）中支柱式脚手架通过内管上的孔与外管上的螺杆，可任意调节高度。螺杆上的对称开槽，槽口长度与螺杆等长。

安装时，按需要的高度调节内外管的位置，再旋转螺母到内管孔洞处，用插销通过螺杆槽与内管孔连接即可。

4. 脚手架搭设

脚手架的宽度需按砌筑工作面的布置确定。一般砌筑工程的工作面布置如图 4-43 所示。其宽度一般为 2.05～2.60m，并在任何情况下不小于 1.5m。

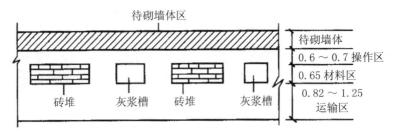

图 4-43　砌砖工作面布置图（单位：m）

当采用内脚手砌筑墙体时，为配合塔式起重机运输，还可设置组合式操作平台作为集中卸料地点。组合式操作平台的形式，如图 4-44 所示，它由立柱架、联系桁架、横向桁架、三角挂架及脚手板等组成。

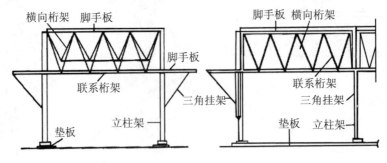

图 4-44　组合式操作平台

　　脚手架的搭设必须充分保证安全。为此，脚手架应具备足够的强度、刚度和稳定性。一般情况下，对于外脚手架，其外加荷载规定为：均布荷载不超过 270kg/m²。若需超载，则应采取相应的措施，并经验算后方可使用。过高的外脚手架必须注意防雷，钢脚手的防雷措施是用接地装置与脚手架连接，一般每隔 50m 设置一处。最远点到接地装置脚手架上的过渡电阻应不超过 10Ω。

　　使用内脚手架，必须沿外墙设置安全网，以防高空操作人员坠落。安全网一般多用 φ9 的麻、棕绳或尼龙绳编织，其宽度不应小于 1.5m。安全网的承载能力应不小于 160kg/m²。安全网的一种搭设如图 4-45 所示。

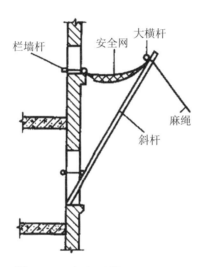

图 4-45　安全网搭设方式之一

第五章
常用的砌筑方法

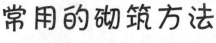

第一节 "三一"砌砖法

"三一"砌砖法又称铲灰挤砌法,其基本操作是"一铲灰、一块砖、一揉压"。具体操作步骤,详见表5-1。

"三一"砌砖法操作步骤   表5-1

步骤	图示及说明
步法	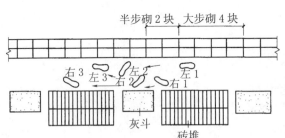操作时,人应顺墙体斜站,左脚在前离墙约150mm左右,右脚在后距墙及左脚跟300~400mm。砌筑方向是由前往后退着走,以便可以随时检查已砌好的砖墙是否平直。砌完3~4块砖后,左脚后退一大步(约700~800mm),右脚后退半步,人斜对墙面可砌筑约500mm,砌完后左脚后退半步,右脚后退一步,恢复到开始砌砖时位置。

续表

步骤	图示及说明
铲灰取砖	铲灰时应先用铲底摊平砂浆表面，便于掌握吃灰量，然后用手腕横向转动来铲灰，减小手臂动作，取灰量要根据灰缝厚度，以满足一块砖的需要量为准。取砖时应随拿砖随挑选好下块砖。左手拿砖，右手铲砂浆，同时拿起来，以减少弯腰次数，争取砌筑时间。
铺灰	铺灰可用方形大铲或桃形大铲。方形大铲的形状、尺寸与砖面的铺灰面积相似。铺灰动作可分为甩、溜、丢、扣等。 砌顺砖时，当墙砌得不高且距操作处较远，一般采用溜灰方法铺灰；当墙砌得较高且近身砌砖，常用扣灰方法铺灰；此外，还可采用甩灰方法铺灰。 砌丁砖时，当墙砌得较高且近身砌砖，常用丢灰方法铺灰；其他情况下，还经常采用扣灰方法铺灰。 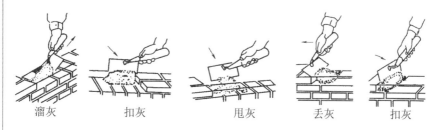 溜灰　　扣灰　　甩灰　　丢灰　　扣灰 注：不论采用哪种铺灰动作，都要求铺出的灰条要近似砖的外形，长度比一块砖稍长 10～20mm，宽约 80～90mm，灰条距墙外面约 20mm，并与前一块砖的灰条相接。
揉挤	 左手拿砖在已砌好的砖前约 30～40mm 处开始平放摊挤，并用手轻柔。 注：揉砖时，眼要上边看线，下边看墙皮，左手中指随即同时伸下，摸一下上、下砖棱是否齐平。  砌好一块砖后，随即用铲将挤出的砂浆刮回，放在竖缝中或投入灰斗内。 注：揉砖的目的主要是使砂浆饱满。铲在砖面上的砂浆如果较薄，揉的劲要小些；砂浆较厚时，揉的劲要大一些，并且根据已铺砂浆的位置要前后揉或左右揉。总之，以揉到下齐砖棱上齐线为适宜，要做到平齐、轻放、轻揉。

"三一"砌砖法适合于砌窗间墙、砖柱、砖垛、烟囱等部位。

第二节 铺灰挤砌法

铺灰挤砌法是用铺灰工具铺好一段砂浆，然后进行挤浆砌砖的操作方法。

铺灰工具可采用灰勺、大铲或瓢式铺灰器等。挤浆砌砖可分双手挤浆和单手挤浆两种。

1. 双手挤浆法

（1）步法

操作时，人将靠墙的一只脚站定，脚尖稍偏向墙边，另一只脚向斜前方踏出 400mm 左右（随着砌砖动作灵活移动），使两脚很自然地站成"T"字形。身体离墙约 70mm，胸部略向外倾斜。这样，转身拿砖、挤砌和看棱角都灵活方便。操作者总是沿着砌筑方向前进，每前进一步能砌 2 块顺砖长。

（2）铺灰

用灰勺时，每铺一次砂浆用瓦刀摊平。用灰勺、大铲或瓦刀铺砂浆时，应力求砂浆平整，防止出现沟槽空隙，砂浆铺得应比墙厚稍窄，形成缩口灰。

（3）拿砖

拿砖时，要先看好砖的方位及大小面，转身踏出半步拿砖，先动靠墙这只手，另一只手跟着上去（有时两手同时取砖）。拿砖后退回成"T"字形，身体转向墙身；选好砖的棱角和掌握好砖的正面，即进行挤浆。

（4）挤砌

由靠墙的一只手先挤砌，另一只手迅速跟着挤砌。如砌丁砖，当手上拿的砖与墙上原砌的砖相距 50～60mm 时，把砖的一侧抬起约 40mm，将砖插入砂浆中，随即将砖放平，手掌不要用力挤压，只需依靠砖的倾斜自坠力压住砂浆，平推前进。如砌顺砖，当手上拿的砖与墙上原砌的砖相距约 130mm 时，把砖的一头抬起约 40mm，将砖插入砂浆中，随即将砖放平，手掌不要用力挤压，只需依靠砖的倾斜自坠力压住砂浆，平推前进。若竖缝过大，可用手掌稍加压力，将灰缝压实至 10mm 为止。然后看准砖面，如有不平，用手掌加压，使砖块平整；由于顺砖长，因而要特别注意砖块下齐边上平线，以防墙面产生凹进凸出和高低不平现象，如图 5-1 所示。

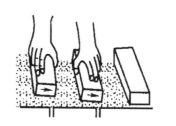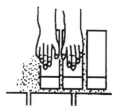

图 5-1 双手挤浆砌丁砖

2. 单手挤浆法

1）步法：操作时，人要沿着砌筑方向退着走，左手拿砖，右手拿瓦刀（或大铲）。操作前按双手挤浆的站立姿势站好，但要离墙面稍远一点。

2）铺灰、拿砖：动作要点与双手挤浆相同。

3）挤砌：动作要点与双手挤浆相同，如图 5-2 所示。

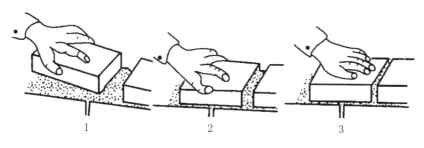

图 5-2 单手挤浆砌顺砖

3. 铺灰挤砌法适合砌筑部位

铺灰挤砌法适合于砌筑混水和清水长墙。

第三节 满刀灰刮浆法

满刀灰刮浆法是用瓦刀铲起砂浆刮在砖面上，再进行砌筑。刮浆一般分四步，如图5-3所示。满刀灰刮浆法砌筑质量较好，但生产效率较低，仅用于砌砖拱、窗台、炉灶等特殊部位。

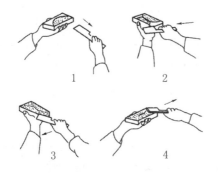

图 5-3 满刀灰刮浆法

第四节 "二三八一"砌砖法

"二三八一"砌砖法是瓦工在砌砖过程中一种比较科学的砌砖方法，它包括了瓦工在砌砖过程中人体的各个部位的运动规律。其中："二"指两种步法，即丁字步和并列步;"三"指三种弯腰身法,即侧身弯腰、丁字步弯腰和正弯腰;"八"指八种铺浆手法,即砌顺砖时用甩、扣、泼和溜四种手法,砌丁砖时用扣、溜、泼和一带二四种手法;"一"指一种挤浆动作,即先挤浆揉砖,后刮余浆。

步法和身法见表5-2。

"二三八一"砌砖法的步法和身法　　　　　表 5-2

步骤	图示及说明	
步法	 丁字步:砌筑时,操作者背向砌筑的前进方向,站成丁字步,边砌边后退靠近灰槽。这种方法也称"拉槽"砌法。	并列步:操作者砌到近身墙体时,将前腿后移半步成并列步面向墙体,又可以完成500mm墙体的砌筑。砌完后将后腿移至另一灰槽近处,进而又站成丁字步,恢复前一砌筑过程的步法。
	注:丁字步和并列步循环往复,使砌砖动作有节奏地进行。	
身法	 侧身弯腰:铲灰、拿砖时用侧身弯腰动作,身体重心在后腿,利用后腿微弯,肩斜、手臂下垂使铲灰的手很快伸入灰槽内铲取砂浆,同时另一手完成拿砖动作。  正弯腰:当砌筑部位离身体较近时,操作者前腿后撤半步由侧身弯腰转身成并列步正弯腰动作,完成铺灰和挤浆动作,身体重心还原。 丁字步弯腰:当砌筑部位离身体较远时,操作者由侧身弯腰转身成丁字步弯腰,将后腿伸直,身体重心移至前腿,完成铺灰和挤浆动作。	
	注:砌筑身法应随砌筑部位的变化配合步法进行有节奏交替地变换,使动作不仅连贯,而且可以减轻腰部的劳动强度。	

1. 铺灰手法

（1）砌顺砖的四种铺灰手法——"甩、扣、泼和溜"

1）甩：当砌筑离身体较远且砌筑面较低的墙体部位时，铲取均匀条状砂浆，大铲提升到砌筑位置，铲面转成90°，顺砖面中心甩出，使砂浆呈条状均匀落下，用手腕向上扭动配合手臂的上挑力来完成。

2）扣：当砌筑离身体较近且砌筑面较高的墙体部位时，铲取均匀条状砂浆，反铲扣出灰条，铲面运动轨迹正好与"甩"相反，是手心向下折回动作，用手臂前推力扣落砂浆。

3）泼：当砌筑离身体较近及身体后部的墙体部位时，铲取扁平状均匀的灰条，提升到砌筑面时将铲面翻转，手柄在前平行推进泼出灰条。动作比"甩"和"扣"简单，熟练后可用手腕转动成"半泼半甩"动作，代替手臂平推。"半泼半甩"动作范围小，适用于快速砌砖。泼灰铺出灰条成扁平状，灰条厚度为15mm，挤浆时放砖平稳，比"甩"灰条挤浆省力；也可采用"远甩近泼"，特别在砌到墙体的尽端，身体不能后退，可将手臂伸向后部用"泼"的手法完成铺灰。

4）溜：当砌角砖时，铲取扁平状均匀的灰条，将大铲送到墙角，抽铲落灰，使砌角砖减少落地灰。

（2）砌丁砖的四种铺灰手法——"扣、溜、泼和一带二"

1）扣：当砌一砖半的里丁砖时，铲取灰条前部略低，扣出灰条外口略高，这样挤浆后灰口外侧容易挤严，扣灰后伴以刮虚尖动作，使外口竖缝挤满灰浆。

2）溜：当砌丁砖时，铲取扁平状灰条，灰铲前部略高，铺灰时手臂伸过准线，铲边比齐墙边，抽铲落灰，使外口竖缝挤满灰浆。

3）泼：当用里脚手砌外清水墙的丁砖时，铲取扁平状灰条，泼灰时落灰点向里移动20mm，挤浆后形成内凹10mm左右的缩口缝，可省去刮舌头灰和减少划缝工作量。

4）一带二：当砌丁砖时，由于碰头缝的面积比顺砖的大1倍，这样容易使外口竖缝不密实。以前操作者先在灰槽处抹上碰头灰，然后再铲取砂浆转身铺灰，每砌一块砖，就要做两次铲灰动作，而且增加了弯腰的时间。如果把抹碰头灰和铺灰两个动作合二为一，在铺灰时，将砖的丁头伸入落灰处，接打碰头灰，使铺灰和打碰头灰同时完成。用一个动作代替两个动作，故称为"一带二"。

注：以上八种铺灰手法，要求落灰点准，铺出灰条均匀一次成形，从而减少铺灰后再做摊平砂浆等多余动作。

2. 挤浆

挤浆时，应将砖面满在灰条 2/3 处，挤浆平推，将高出灰缝厚度的砂浆推挤入竖缝内。挤浆时应有个"揉砖"的动作（图 5-4）。这样，砌顺砖时，竖缝灰浆基本上可以挤满；砌丁砖时，能挤满 2/3 的高度，剩余部分由砌上皮砖时通过挤揉可使砂浆挤入竖缝内。挤揉动作，可使平缝、竖缝都能充满砂浆，不仅提高砖块之间的粘结力，而且极大地提高墙体的抗剪强度。

图 5-4 单手挤浆砌顺砖

注：砌砖是一项具有技巧性的体力劳动，它涉及操作者手、眼、身、腰、步五个方面的活动。这个砌筑方法正是运用了劳动生理学的原理，采用复合肌肉活动，消除多余动作，重新组合的一套既符合人体生理活动规律，用力合理又简单易学的砌砖方法。

第六章

砖的砌筑

第一节 砖墙砌筑前的准备工作

砖墙砌筑前应做的准备工作，详见表 6-1。

砖墙砌筑前的准备工作　　　　　　　　　　　　　　表 6-1

步骤	图示及说明
检查	 首先承建商要检查其他工程是否已经完成好了，然后开始进行工作。
清理	  开工前把楼面清理干净，把地上的碎木板、木方、碎石、垃圾、污渍和混凝土浆全部清理干净。

续表

步骤	图示及说明
弹线	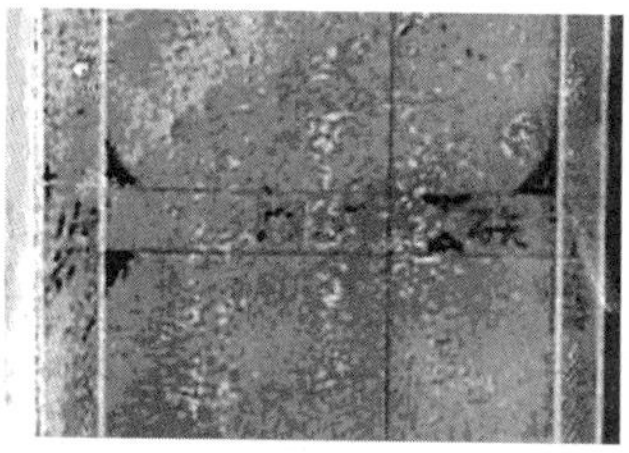  砖墙的两边要弹好墨线，如墙身墨和地墨、转角、留位等。 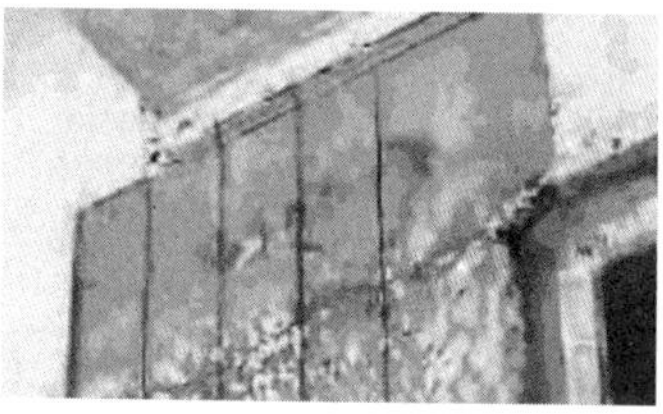  墙身墨线要弹到天花板或梁底。　　地面墨线要呈正角对曲。
拉铁	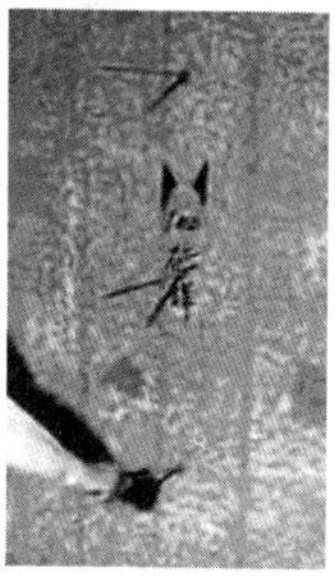  如果砖墙挨着混凝土墙，相碰的位置要有拉铁（拉铁应符合施工的规定）。
门框的检查	 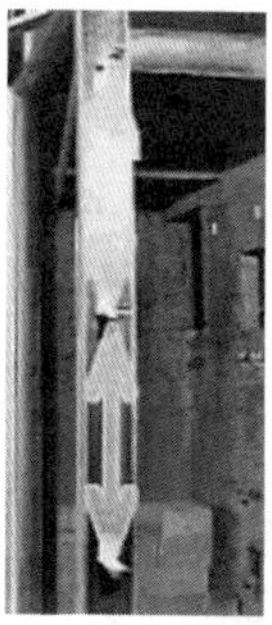  承建商必须确保门框安装位置正确、稳固、平直和通光。 注：门框的支撑不能妨碍砌砖工程；门框背面要涂上防腐油；燕尾镀锌扁铁的安装要符合施工细则，块尺要对准砖缝位置；门框的羊角要用夹板来保护。

步骤	图示及说明
混凝土过梁的检查	   首先混凝土过梁要根据门框图和施工章程预先造好。　　混凝土过梁上下位置须分别加一条钢筋。　　混凝土过梁的混凝土墙垛一定要达到设计的要求，方可使用。 注：砖墙如果需要打洞，必须按照门框过梁的规格，在洞顶安装混凝土过梁（混凝土过梁不能直接压在木门框上）。   混凝土过梁嵌入砖墙的长度要符合规定的长度。 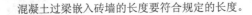   如果混凝土过梁没有砖墙托住的话，就按照设计图纸，在混凝土墙上钉个角码承托住。 　　如果预留的门位或砖墙留孔位太宽，预制的混凝土过梁会因为很重不容易搬运，那么混凝土过梁就要实地浇混凝土或采用工程师批核过的钢材过梁来承托。

续表

步骤	图示及说明
混凝土过梁的检查	     曲尺门的曲尺过梁，就要实地浇筑混凝土或者按照工程师审批的方法，用子口过梁镶叠。 注：要注意过梁摆放的位置。
管子的检查	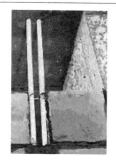  砖墙里的暗管必须垂直。　　　　要尽量避免倾斜，因为倾斜的暗管会隔断更多的砖块，受影响的砖墙范围会扩大。   底箱装好后要用发泡胶作保护，否则砂浆会流进去。 注：水电入墙管子按照施工图做好后，承建商要复查、测试（暗管和底箱的位置要根据图纸正确安装好，并且要临时固定好）。

拉铁的安装方法，见表 6-2。

拉铁的安装方法   表 6-2

序号	方法	图示及说明
1	在混凝土墙上钻孔，插入镀锌铁枝或涂了两层沥青油的圆铁	 用电钻钻孔 安装时中至中距离要符合标准。  铁的一边要插入混凝土墙，另一边预留的长度要符合标准，嵌进砖墙当中。   拉铁的位置必须对准砖缝。　　厚度超过150mm，则需用两行拉铁。 注：插的时候留意混凝土的暗管位置，不要插穿。
2	在混凝土墙上用气压钉枪，钉上符合标准的燕尾镀锌扁铁	 用气压钉枪，钉燕尾镀锌扁铁。   扁铁要配合砖缝位置，而且距离也要符合标准，且需经过工程师的审批。

续表

序号	方法	图示及说明
2	在混凝土墙上用气压钉枪,钉上符合标准的燕尾镀锌扁铁	砖墙厚度超过150mm,须用两行"拉"码。
3	在混凝土墙上钉镀锌拉力网码	网码须经工程师批核才可以使用。　　用有华司圈的钉把网码固定好。

第二节 空心砖墙砌

空心砖墙是用各种规格的空心砖和强度等级不低于M2.5的砂浆砌筑而成,空心砖墙仅作为隔墙(图6-1)不能承重,宜采用满刀灰刮浆法(图6-2)进行砌筑。

空心砖墙组砌为十字缝(图6-3),上下皮竖缝相互错开1/2砖长,砖孔方向应符合设计要求。当设计无特殊要求时,宜将砖孔置于水平位置。空心砖墙底部应砌烧结普通砖或多孔砖,其高度不宜小于200mm。

图6-1　隔墙

图 6-2　满刀灰刮浆法

图 6-3　十字缝

空心砖墙的砌筑，详见表 6-3。

空心砖墙的砌筑　　　　　　　　　　　　　　表 6-3

施工步骤	图示及说明
施工准备	 空心砖的运输、装卸过程中严禁抛掷和倾倒，进场后应按品种、规格分别堆放整齐。堆置高度不宜超过 2m（砌筑前 1～2d 浇水湿润，含水率宜为 10%～15%）。

施工步骤	图示及说明
施工准备	 空心砖不宜砍断，因此应准备切割用的砂轮锯砖机，以便总砌时用半砖或七分头。
排砖撂底	   排砖撂底时应按砖的尺寸和灰缝计算皮数和排数，水平灰缝厚度和竖向灰缝宽度为 8 ~ 12mm，排列时在不够半砖处，可用普通砖补砌（门窗洞口两侧240mm范围内，应用普通砖排砌）。   每隔两皮空心砖高，在水平灰缝中放置两个直径6mm的拉结钢筋。　　上下皮砖排空后，应按排砖的竖缝宽度要求和水平灰缝厚度要求，拉紧空线，完成撂底工作。
砌筑墙身	 空心砖墙砌筑时，要注意上跟线下对棱。砌到高度1.2m以上时，脚手架宜提高小半步，使操作人员体位高，调整砌筑高度，从而保证墙体砌筑质量。

续表

施工步骤	图示及说明
砌筑转角及丁字交接处	 空心砖墙的转角处及丁字墙交接处，应用普通砖实砌。转角处，砖砌在外角上；丁字交界处，砖砌在纵墙上（弹砌大脚不宜超过 3 皮砖，且不得留直槎）。 砌筑过程中，要随时检查垂直度，以及砌体与皮竖杆的相符情况，内外墙应同时砌筑。
墙顶砌筑	 空心砖墙砌至接近上层梁、板底时，应留一定空隙，待墙砌筑完并应至少间隔 7d 后，再采用侧砖、或立砖、或砌块斜砌挤紧（其倾斜度宜为 60° 左右，砌筑砂浆应饱满）。
墙与柱连接	  空心砖墙与框架处相接处，必须把预埋在框架柱中的拉结筋砌入墙内。　拉结筋的规格、数量、间距、长度应符合设计要求。   空心砖墙与框架柱间缝隙应采用砂浆填满。

续表

施工步骤	图示及说明
预留孔洞	 空心砖墙中，不得留设脚手眼，墙上的管线留置方法，当设计无具体要求时，可采用弹线定位后凿槽或开槽，不得斩砖预留槽。
灰缝要求	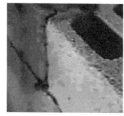   空心撞墙的灰缝应横平竖直，砂浆密实，水平灰缝砂浆饱满度不得低于80%；竖缝不得出现空缝和假缝。
高度控制	空心砖墙每天砌筑高度不得超过1.2m。

注：1. 空心砖进场后，应按品种规格分别堆放整齐。
  2. 砌筑前1～2d浇水湿润，这样才能保持砂浆中的水分，保证砌块的黏结。

第三节 多孔砖墙砌筑

多孔砖墙使用M型多孔砖或P型多孔砖与强度等级不低于M2.5的砂浆砌筑而成。多孔砖不能用于砌基础、水箱、柱或梁等。

1. 多孔砖墙的组砌形式

多孔砖墙宜采用一顺一丁或梅花丁的砌筑形式。多孔砖的孔洞应垂直于受压面。M型多孔砖的砌筑形式如图6-4所示，P型多孔砖的砌筑形式如图6-5所示。

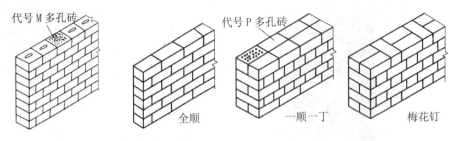

图6-4　M型多孔砖砌筑　　　　　图6-5　P型多孔砖砌筑

2. 多孔砖墙的砌筑

多孔砖墙的砌筑，见表6-4。

多孔砖墙的砌筑　　　　　　　　　　　　表6-4

施工步骤	图示及说明
施工准备	多孔砖墙砌筑时，砖应提前1～2d浇水湿润，含水率宜为10%～15%。
排砖摞底	 多孔砖墙排砖摞底时，应按砖的尺寸和灰缝计算皮数和排数，水平灰缝厚度和竖向灰缝宽度应为8～12mm。 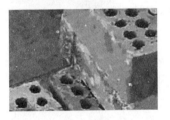 多孔砖从转角或定位处开始向一侧排砖，内外墙同时排砖，纵横墙交错搭接，上下皮错缝搭砌（上下皮砖排通后，按排砖的竖缝宽度和水平缝厚度，要求拉紧通线，完成摞底工作）。

续表

施工步骤	图示及说明
砌筑墙身	  　　多孔砖砌筑时，要注意上跟线、下对棱。灰缝应横平竖直，水平灰缝砂浆饱满度不小于80%；竖缝应刮浆适宜，并加浆填灌。不得出现透明缝、瞎缝和假缝，严禁用水冲浆灌缝。 　　注：多孔砖墙砌到高度1.2m以上时，脚手架宜提高小半步，使操作人员体位高，调整砌筑高度，从而保证墙体砌筑质量。
砌筑转角及交接处	  　　M型多孔砖墙的斜槎，长度应不小于斜槎高度；P型多孔砖墙的斜槎，长度应不小于斜槎高度的2/3（施工中不能留槎插时，除转角处可留直槎，直槎必须做成突槎，但应加设拉结钢筋。拉结筋的数量、长度、间距应满足设计要求）。 　　注：多孔砖墙的转角处和交接处应同时砌筑，严禁无可靠措施分内外墙分砌施工。
预埋木砖、铁件和脚手眼	1）多孔砖墙门、窗、洞口的预埋木砖、铁件等，应采用与多孔砖横截面一致的规格。 2）多孔砖墙的下列部位不得设置脚手眼：宽度小于1m的窗间墙、过梁上与过梁呈60°角的三角形范围及过梁净跨度1/2的高度范围内、梁和梁垫下及左右各500mm范围内、门窗洞口两侧200mm范围内和转角处450mm范围内。
墙顶处理	多孔砖坡屋顶房屋的顶层内纵墙顶，宜增加支持端山墙的踏步式墙垛。

第四节　配筋砖砌体砌筑

　　配筋砖砌体砌筑是在施工中加入一定数量的钢筋，从而增加砌体结构的整体性和抗震能力。

1. 网状配筋砖柱砌筑

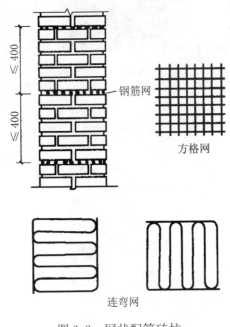

钢筋网

方格网

连弯网

图 6-6　网状配筋砖柱

网状配筋砖柱是指水平灰缝中配有钢筋网的砖柱。网状配筋砖柱宜采用强度等级不低于 MU10 的烧结普通砖与强度等级不低于 M5 的水泥砂浆砌筑。

钢筋网有方格网和连弯网两种。方格网的钢筋直径为 3 ～ 4mm，连弯网的钢筋直径不大于 8mm。钢筋网中钢筋的间距不应大于 120mm，且不应小于 30mm。钢筋沿砖柱高度方向的间距不应大于 5 皮砖，且不应大于 400mm。当采用连弯网时，网的钢筋方向应互相垂直，沿砖柱高度方向交错设置，连弯网间距取同一方向网的间距，如图 6-6 所示。

网状配筋砖柱砌筑同普通砖柱要求一样。设置在砌体水平灰缝内的钢筋，应居中置于灰缝中。水平灰缝厚度应大于钢筋直径 4mm 以上。砌体外露面砂浆保护层的厚度不应小于 15mm。

设置在砌体水平灰缝内的钢筋应进行防腐保护，可在其表面涂刷钢筋防腐涂料或防锈剂。

2. 组合砖砌体砌筑

组合砖砌体是由砖砌体和钢筋混凝土面层或钢筋砂浆面层组成的，有组合砖柱、组合砖垛、组合砖墙等，如图 6-7 所示。

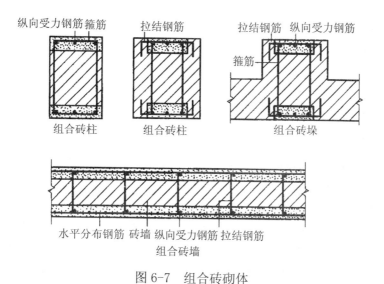

图 6-7　组合砖砌体

组合砖砌体所用砖的强度等级不应低于 MU10，砌筑砂浆强度等级不应低于 M5。面层厚度为 30～45mm 时，宜采用水泥砂浆，水泥砂浆强度等级不低于 M7.5。面层厚度大于 45mm 时，宜采用混凝土，混凝土强度等级宜采用 C15 或 C20。

受力钢筋宜采用Ⅰ级钢筋，对于混凝土面层也可采用Ⅰ级钢筋。受力钢筋的直径不应小于 8mm，钢筋的净间距不应小于 30mm。

箍筋的直径为 4～6mm，箍筋的间距为 120～500mm。

组合砖墙的水平分布钢筋竖向间距及拉结钢筋的水平间距，均不应大于 500mm。

组合砖砌体施工时，应先砌筑砖砌体部分，并按设计要求在砌体中放置箍筋或拉结钢筋。砖砌体砌到一定高度后（一般不超过一层楼的高度），绑扎受力钢筋和水平分布钢筋，支设模板，浇水湿润砖砌体，浇筑混凝土面层或水泥砂浆面层。

当混凝土或水泥砂浆的强度达到设计强度 30% 以上时，方可拆除模板。

3. 构造柱砌筑

构造柱一般设置在房屋外墙四角、内外墙交接处以及楼梯间四角等部位，为现浇钢筋混凝土结构形式。

1）构造柱的下端应锚固于基础之内（与地梁连接）。构造柱的截面不小于 240mm×180mm，柱内配置直径 12mm 的 4 根纵向钢筋，箍筋间距不应大于 250mm。

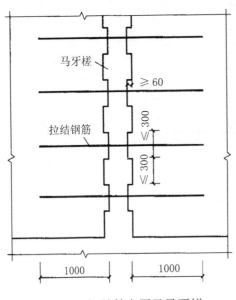

图 6-8 拉结筋布置及马牙槎

2）构造柱与墙体的连接处应砌成马牙槎，从每层柱脚开始，先退后进，每一个马牙槎沿高度方向的尺寸不宜超过 300mm。沿墙高每隔 500mm 设置 2 根直径 6mm 的水平拉结钢筋，拉结钢筋每边伸入墙内不宜小于 1m，如图 6-8 所示。当墙上门窗洞口边到构造柱边（即墙马牙槎外齿边）的长度小于 1m 时，拉结钢筋则伸至洞口边止。

3）施工时，应按先绑扎柱中钢筋，砌砖墙，再支模，后浇捣混凝土顺序施工。

4）砌筑砖墙时，马牙槎应先退后进，即每一层楼的砌墙开始，砌第一个马牙槎应两边各收进 60mm，第二个马牙槎到构造柱边，第三个马牙槎再两边各收进 60mm，如此反复一直到顶。各层柱的底部（圈梁面上），以及该层二次浇筑段的下端位置留出两皮砖洞眼，供清除模板内杂物用，清除完毕应立即封闭洞眼。

5）每层砖墙砌好后，立即支模。模板必须与所在墙的两侧严密贴紧，支撑牢固，防止板缝漏浆。

6）浇筑混凝土前，必须将砌体和模板浇水湿润，并清除模板内的落地灰、砖渣等杂物。混凝土浇筑可以分段进行，每段高度不宜大于 2m。在施工条件较好并能确保浇筑密实时，亦可每层浇筑一次。浇筑混凝土前，在结合面处先注入适量水泥砂浆，再浇筑混凝土。

7）浇捣构造柱混凝土时，宜用插入式振动器，分层捣实，每次振捣层的厚度不应超过振捣棒长度的 1.25 倍。振捣时应避免振捣棒直接碰触砖墙，严禁通过砖墙传振。

8）在砌完一层墙后和浇筑该层构造柱混凝土之前，是否对已砌好的独立墙片采取临时支撑等措施，应根据风力、墙高确定。必须在该层构造柱混凝土浇完后，才能进行上一层的施工。

4. 复合夹心墙砌筑

复合夹心墙是由两侧砖墙和中间高效保温材料组成，两侧砖墙之间设置拉结钢筋，如图 6-9 所示。

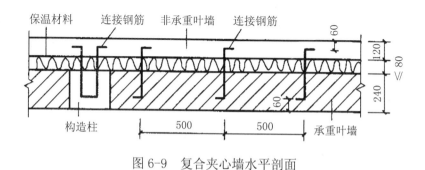

图 6-9 复合夹心墙水平剖面

砖墙有承重墙和非承重墙，均用烧结普通砖与水泥混合砂浆（或水泥砂浆）砌筑，砖的强度等级不低于 MU10，砂浆强度等级不低于 M5。

承重砖墙的厚度不应小于 240mm，非承重砖墙的厚度不应小于 115mm，两砖墙之间空腔宽度不应大于 80mm。

拉结钢筋直径为 6mm，采用梅花形布置，沿墙高间距不大于 500mm，水平间距不大于 1m。拉结钢筋端头弯成直角，端头距墙面为 60mm。

复合夹心墙的转角处、内外墙交接处以及楼梯间四角等部位必须设置钢筋混凝土构造柱。非承重墙与构造柱之间应沿墙高设置 2 根直径为 6mm 的水平拉结钢筋，间距不大于 500mm。

复合夹心墙宜从室内地面标高以下 240mm 开始砌筑。可先砌承重砖墙，并按设计要求在水平灰缝中设置拉结钢筋，一层承重砖墙砌完后，清除墙面多余砂浆，在承重砖墙里侧铺贴高效保温材料，贴完整个墙面后，再砌非承重砖墙。当高效保温材料为松散体时，承重砖墙与非承重砖墙应同时砌筑，每砌高 500mm 在砖墙之间空腔中填充高效保温材料，并在水平灰缝中放置拉结钢筋，如此反复进行，直到墙顶。

复合夹心墙的门窗洞口周边可采用丁砖或钢筋连接空腔两侧的砖墙。沿门窗洞口边的连接钢筋采用直径 6mm 的Ⅰ级钢筋，间距为 300mm。连接丁砖的强度等级不低于 MU10，沿门窗洞口通长砌筑，并用高强度等级的砂浆灌缝。

5. 填心墙砌筑

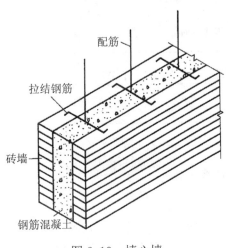

配筋

拉结钢筋

砖墙

钢筋混凝土

图 6-10 填心墙

填心墙是由两侧的普通砖墙与中间的现浇钢筋混凝土组成，两侧砖墙之间设置拉结钢筋。砖墙所用砖的强度等级不低于 MU10，砂浆强度等级不低于 M5，砖墙厚度不小于 115mm。混凝土的强度等级不低于 C15，拉结钢筋直径不小于 6mm，间距不大于 500mm，如图 6-10 所示。

填心墙可采用低位浇筑混凝土和高位浇筑混凝土两种施工方法。

低位浇筑混凝土：两侧砖墙每次砌筑高度不超过 600mm，砌筑中按设计要求在墙内设置拉结钢筋，拉结钢筋与钢筋混凝土中的配筋连接固定。当砌筑砂浆的强度达到使砖墙能承受住浇筑混凝土的侧压力时，将落入两砖墙之间的杂物清除干净，并浇水湿润砖墙，然后浇筑混凝土。这一过程反复进行，直至墙体全部完成。

高位浇筑混凝土：两侧砖墙砌至全高，但不得超过 3m。两侧砖墙的砌筑高度差不应大于墙内拉结钢筋的竖向间距。砌筑砖墙时按设计要求在墙内设置拉结钢筋，拉结钢筋与钢筋混凝土中的配筋连接固定。为了便于清理两侧砖墙之间空腔中的落地灰、砖渣等杂物，砌墙时在一侧砖墙的底部预留清理洞口，清理干净空腔内的杂物后，用同品种、同强度等级的砖和砂浆堵塞洞口。当砂浆强度达到使砖墙能承受住浇筑混凝土的侧压力时（养护时间不少于 3d），浇水湿润砖墙，再浇筑混凝土。

第七章
小型砌块的砌筑

第一节 混凝土小型空心砌块砌体

混凝土小型空心砌块砌体的砌筑，见表 7-1。

混凝土小型空心砌块砌体的砌筑　　　　表 7-1

施工步骤	图示及说明
施工准备	 1）材料 　　小砌块运到现场后，应分规格、分等级堆放；堆放场地必须平整，并做好排水。砌块的堆放高度不宜超过 2m。砌筑承重墙的小砌块应进行挑选，剔除断裂或壁肋中有竖向裂缝的小砌块。承重结构所用小砌块的强度等级应不低于 MU15。 　　普通混凝土小砌块宜为自然含水率，当天气干燥炎热时，可在砌筑前喷水湿润；轻骨料混凝土小砌块宜在砌筑前 1～2d 浇水湿润，含水率为 5%～8%。严禁雨天施工；小砌块表面有浮水时，也不得施工。

续表

施工步骤	图示及说明
施工准备	准备好所需的拉结钢筋（或钢筋网片）以及附墙用预埋件。 根据小砌块搭接需要，准备一定数量的辅助规格的小砌块。 砌筑砂浆必须搅拌均匀，随拌随用，砂浆强度等级应不低于 M5，防潮层以上的小砌块砌体，应采用水泥混合砂浆或专用砂浆砌筑，并要采取改变砂浆和易性和粘结性的措施。 底层室内地面以下或防潮层以下的砌体，应采用强度等级不低于 C20 的混凝土灌实小砌块的孔洞。 2）立皮数杆 根据小砌块尺寸和灰缝厚度确定皮数和排数，并制作皮数杆立于建筑物四角或楼梯间转角处；皮数杆间距不宜超过 15m。
立面组砌形式	 小砌块墙的厚度一般为 190mm（单排）；特殊情况下，墙厚为 390mm（双排）。 小砌块墙的立面组砌形式为全顺一种，上、下竖向灰缝相互错开 190mm；双排小砌块墙横向竖缝也应相互错开 190mm。 承重墙体不得采用混凝土小砌块与烧结普通砖等混砌，并严禁使用断裂小砌块。
施工方法	  先用大铲或瓦刀在墙顶上摊铺砂浆，一次铺灰长度不宜超过两块主规格块体的长度。    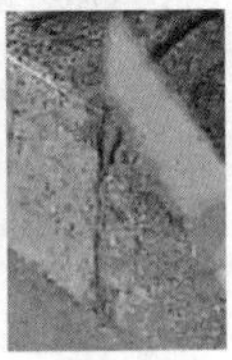  然后在已砌好的砌块端面上刮砂浆，双手端起小砌块，使其底面向上，摆放在砂浆层上，与前一块挤紧，并使上下砌块的孔洞对准，挤出的砂浆随手刮去。 注：小砌块宜采用铺灰反砌法进行砌筑（需要移动砌体中的小砌块或小砌块被撞动时，应重新铺砌）。

续表

施工步骤	图示及说明
施工方法	使用单排孔小砌块砌筑墙体时，应对孔错缝搭砌；使用多排孔小砌块砌筑墙体时，应错缝搭砌；搭砌长度均不应小于90mm。 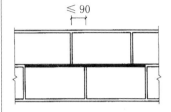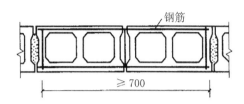 　墙体的个别部位不能满足上述要求时，应在灰缝中设置拉结钢筋或钢筋网片，但竖向通缝仍不得超过两皮小砌块，拉结钢筋或钢筋网片设置数量、埋置长度应符合设计要求。 　注：小砌块墙的水平灰缝厚度和竖向灰缝宽度宜为10mm，但不应小于8mm，也不应大于12mm。水平灰缝应平直，按净面积计算的砂浆饱满度不应低于90%。竖向灰缝应采用加浆方法，使其砂浆饱满，严禁用水冲浆灌缝；不得出现瞎缝、透明缝；竖缝的砂浆饱满度不宜低于80%。
转角处和交接处砌筑	 　小砌块墙的转角处，应使纵横墙的砌块隔皮相互搭砌，露头的砌块端面应用水泥砂浆抹平。 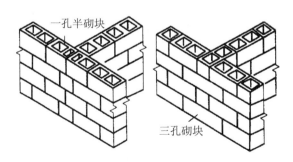 　小砌块墙的丁字交接处，应使横墙的砌块隔皮露头，纵墙加砌辅助砌块（一孔半）。如没有辅助砌块，则会造成三皮砌块高的竖向通缝，为此，宜采用大砌块（三孔）错缝，露头的砌块应用水泥砂浆抹平。

施工步骤	图示及说明
留槎	小砌块墙体转角处和纵横墙交接处应同时砌筑。临时间断处应砌成斜槎，斜槎水平投影长度不应小于高度的2/3。非抗震设防及抗震设防烈度为6度、7度地区的临时间断处，当不能留斜槎时，除转角处外，可留凸槎。留凸槎处应每120mm墙厚放置两根直径6mm的拉结钢筋，间距沿墙高不应超过500mm；埋入长度从留槎处算起每边均不应小于500mm，对抗震设防烈度6度、7度的地区不应小于1000mm。不能留斜槎时，留凸槎，凸槎设置拉结钢筋。
小砌块填充墙	用轻骨料混凝土小型空心砌块砌筑填充墙时，墙底部应砌烧结普通砖或多孔砖或现浇混凝土坎台等，其高度不宜小于200mm。 注：砌筑填充墙时，必须将预埋在柱中的拉结钢筋砌入墙内。拉结钢筋的规格、数量、间距、长度应符合设计要求。  填充墙与框架柱之间的缝隙应用砂浆填满。 轻骨料混凝土小砌块应错缝搭砌，搭接长度不应小于90mm，如不能保证时，应在灰缝中设置拉结钢筋或网片，竖向通缝不应大于2皮。 小砌块墙砌至接近梁、板底时，应留一定空隙，在抹灰前采用侧砖、或立砖、或砌块斜砌挤紧，其倾斜度宜为60°左右，砌筑砂浆应饱满。补砌时间间隔不应少于7d。

施工步骤	图示及说明
预留洞口及预埋件	  对设计规定的洞口、管道、沟槽和预埋件等，应在砌筑时预留或预埋，严禁在砌好的墙体上打洞、凿槽（小砌块墙体中不得留水平沟槽）。 　施工中需要在墙体中留临时洞口，其侧边离交接处的墙面不应小于 600mm，并在顶部设过梁；填砌施工洞口的砌筑砂浆强度等级应提高一级。
脚手眼	　小砌块墙体内不宜留脚手眼，如必须留设时，可采用 190mm×190mm×190mm 小砌块侧砌，利用其孔洞作脚手眼，墙体完工后用强度等级不低于 C20 混凝土填实。但墙体下列部位不得留设脚手眼： 　1）过梁上与过梁成 60° 角的三角形范围及过梁净跨度 1/2 的高度范围内； 　2）宽度小于 1m 的窗间墙； 　3）梁或梁垫下及其左右各 500mm 范围内； 　4）门窗洞口两侧 200mm 和墙体转角处 450mm 范围内； 　5）设计不允许设置脚手眼的部位。
砌筑高度控制	　常温条件下，普通混凝土空心小砌块的每日砌筑高度应不超过 1.5m 或一步脚手架高度；轻骨料混凝土空心小砌块的每日砌筑高度应不超过 1.8m。

续表

施工步骤		图示及说明
芯柱施工	芯柱设置部位	 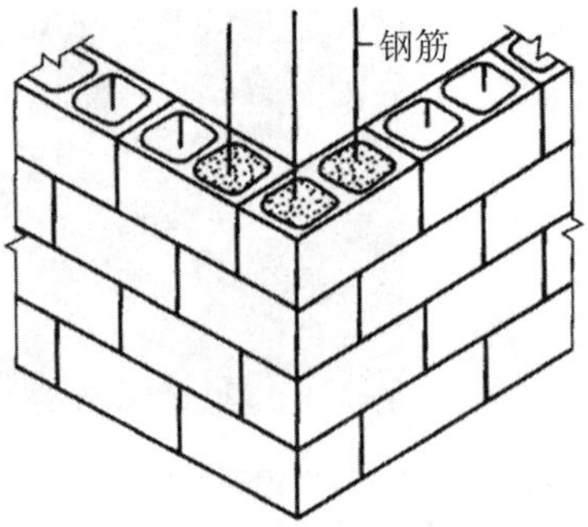 1）外墙转角、楼梯间四角的纵横墙交接处的三个孔洞，宜设置混凝土芯柱。 2）五层及五层以上的房屋，应在上述部位设置钢筋混凝土芯柱。
	芯柱形式	 混凝土芯柱宜用不低于 C15 的细石混凝土浇灌。 钢筋混凝土芯柱宜用不低于 C15 的细石混凝土浇灌，每孔内插入不少于 1 根直径 10mm 的钢筋，钢筋底部伸入室内地面下 500mm 或与基础圈梁锚固，顶部与屋盖圈梁锚固。 芯柱应沿房屋全高贯通。可采用设置现浇钢筋混凝土板带的方法或预制楼板预留缺口（板端外伸钢筋铺入芯柱）的方法或与圈梁整体现浇的方法，实施芯柱贯通。 砌筑芯柱部位的墙体，宜采用不封底的通孔小砌块，如采用半封底的小砌块，必须清除孔洞底部的毛边。
	钢筋混凝土芯柱	在芯柱部位，每层楼的第一皮小砌块，应采用开口小砌块或 U 形小砌块砌出操作孔，操作孔侧面宜预留连通孔；砌筑开口小砌块或 U 形小砌块时，应随时刮去灰缝内凸出的砂浆，直至一个楼层高度。

第二节 加气混凝土小型砌块砌体

加气混凝土小型砌块砌体的砌筑，见表 7-2。

加气混凝土小型砌块砌体的砌筑　　　　　　表 7-2

施工步骤	图示及说明
施工准备	 1）加气混凝土小砌块运输、装卸过程中，严禁抛掷和倾倒。进场后应按等级、规格分别堆放整齐，堆置高度不宜超过 2m。堆放场地必须平整，并应采取排水和防止砌块淋雨的措施。 2）砌块一般不宜浇水，但在气候特别干燥炎热的情况下，可在砌筑前稍加喷水湿润，但施工时的含水率宜小于 15%。 3）不得使用龄期不足 28d 的砌块进行砌筑。 4）准备所需的拉结钢筋或钢筋网片。 5）砌筑砂浆的强度等级不应低于 M5。 6）准备砌筑墙底部用的烧结普通砖或多孔砖。 7）立皮数杆：砌筑墙体前，应根据房屋立面及剖面图、砌块规格、灰缝（水平灰缝厚度为 15mm，垂直灰缝宽度为 20mm）等绘制砌块排列图；并按排列图制作皮数杆。皮数杆应立于墙体转角处和交接处，其间距不宜超过 15m。
立面组砌形式	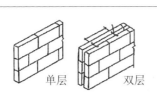 单层　双层 　加气混凝土小砌块墙可做成单层或双层。单层加气混凝土小砌块墙的厚度等于砌块厚度。双层加气混凝土小砌块墙的厚度等于两侧单墙厚度加空腔宽度，两侧单层墙体用钢筋扒钉拉结。　　　　　　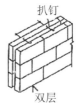 扒钉 双层 底部应砌烧结普通砖或多孔砖，其高度不宜小于 200mm。 　加气混凝土小砌块墙的底部应砌烧结普通砖或多孔砖，其高度不宜小于 200mm。 　注：不同干密度和强度等级的加气混凝土小砌块不应混砌，也不得和其他砖、砌块混砌。
施工方法	   　加气混凝土小砌块的砌筑方法，一般应采用专用铺灰铲在墙顶上摊铺砂浆，再在已砌好的砌块端面刮抹砂浆，然后把砌块对准位置摆放在砂浆层上，与前一块靠紧，注意留出垂直缝宽度，随手刮去多余砂浆。

续表

施工步骤	图示及说明
施工方法	 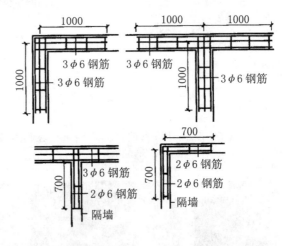 1）加气混凝土小砌块墙砌筑时应上下错缝，搭接长度不应小于砌块长度的1/3，并不应小于150mm。如不能满足时，在水平灰缝中应设置2根直径6mm的钢筋或直径4mm的钢筋网片加强，加强筋长度不应小于500mm。 2）加气混凝土小砌块墙的灰缝应横平竖直，砂浆饱满，垂直缝宜用内外临时夹板灌缝。水平灰缝厚度不得大于15mm，垂直灰缝宽度不得大于20mm。灰缝砂浆饱满度不应小于80%。 3）切锯砌块应使用专用工具，不得用斧子或瓦刀等任意砍劈。 4）砌筑外墙时，不得留脚手眼。 5）加气混凝土小砌块墙与框架结构的连接构造、配筋带的设置与构造、门窗框固定方法与过梁做法，以及附墙固定件做法等均应符合设计规定。 6）门窗框安装宜采用后塞口法施工。 7）加气混凝土小砌块墙的转角处及交接处，应使纵横墙砌块隔皮搭接。 8）砌筑加气混凝土小砌块墙的转角处及小砌块墙与相邻的承重结构（墙或柱）交接处，当设计无具体要求时，应沿墙高1m左右在灰缝中设置2根直径6mm的拉结钢筋，伸入墙内长度不得小于500mm。墙体设置拉结钢筋的位置应与砌块皮数相符合，竖向位置偏差不应超过一皮高度。 9）加气混凝土小砌块墙的预留洞口两侧，应选用规则整齐的砌块砌筑。洞口下部应放置2根直径6mm的钢筋，伸过洞口两边长度每边不得小于500mm。 10）加气混凝土小砌块墙的每一楼层高度内应连续砌筑，尽量不留接槎。如必须留槎时，应留斜槎，或在门窗洞口侧边间断。

注：加气混凝土小砌块墙如无切实有效措施，不得在下列部位使用：

1）建筑物室内地面标高以下部位。

2）长期浸水或经常受干湿交替部位。

3）受化学环境（如强酸、强碱）侵蚀或高浓度二氧化碳等环境。

4）砌块表面经常处于80℃以上的高温环境。

第三节 粉煤灰砌块砌体

粉煤灰砌块砌体的砌筑，见表7-3。

粉煤灰砌块砌体的砌筑　　　　　　　　　　　表7-3

施工步骤		图示及说明
施工准备	材料	粉煤灰砌块运输、装卸过程中，严禁抛掷和倾倒。进场后应按规格、等级分别堆放整齐，堆置高度不宜超过2m。堆放场地必须平整，并做好排水。 粉煤灰砌块自生产之日起，应放置一个月以上，强度等级不低于MU10，方可用于砌体的施工。 砌筑粉煤灰砌块墙时，应提前2d浇水湿润砌块，其含水率宜为8%～12%，严禁使用干砌块或含水饱和的砌块。 防潮层以上的粉煤灰砌块砌体，应采用强度等级不低于M2.5的水泥混合砂浆砌筑；有条件时，可采用高粘结性能的专用砂浆。 准备所需的拉结钢筋或钢筋网片、泡沫塑料条或夹板。
	立皮数杆	粉煤灰砌块墙砌筑前，应根据预先绘制的砌块排列图，制作皮数杆，并在墙体转角处设置皮数杆。
立面组砌形式		粉煤灰砌块墙的厚度为240mm。粉煤灰砌块墙的立面组砌形式为全顺。

续表

施工步骤	图示及说明
施工方法	

1）先在墙顶上摊铺砂浆，随后将粉煤灰砌块按砌筑位置摆放在砂浆层上，并与已砌的砌块间留出不大于 20mm 的空隙。

 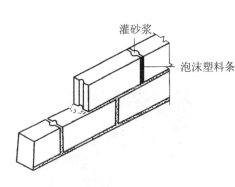

2）砌完一皮后，在两砌块间的空隙两侧塞上泡沫塑料条或装上夹板，从砌块的灌浆槽中逐步灌入砂浆，直至与砌块顶面齐平；待砂浆凝固后，即可取出泡沫塑料条或卸掉夹板。

3）粉煤灰砌块墙砌筑时应上下错缝，搭接长度不宜小于砌块长度的 1/3，并应不小于 150mm。如不能满足时，在水平灰缝中应设置 2 根直径 6mm 的拉结钢筋或直径 4mm 钢筋网片，拉结钢筋或钢筋网片伸入墙内的长度不小于 500mm。

4）粉煤灰砌块墙的灰缝应横平竖直，砂浆饱满。水平灰缝厚度和竖向灰缝宽度（灌浆槽处除外）宜为 10mm，但不应小于 8mm，也不应大于 12mm。

5）粉煤灰砌块墙的转角处及丁字交接处，可使隔皮砌块露头，但应锯平灌浆槽，使砌块端面为平整面。

6）粉煤灰砌块墙中的门窗洞口周边，宜用烧结普通砖砌筑，砌筑宽度应不小于半砖。

7）当设计无具体要求时，粉煤灰砌块墙与承重墙或柱交接处，应沿墙高 1m 左右在水平灰缝中设置 2 根直径 6mm 的拉结钢筋，伸入墙内长度不得小于 500mm。

8）粉煤灰砌块墙中的过梁应采用钢筋混凝土过梁。

9）粉煤灰砌块墙的每一楼层高度内应连续砌筑，尽量不留接槎。如必须留槎时，应留斜槎，或在门窗洞口侧边间断。 |

图中标注：灌砂浆、泡沫塑料条

续表

施工步骤	图示及说明
施工方法	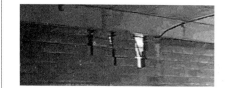

10）粉煤灰砌块墙砌至接近梁、板底时，应留一定空隙，在抹灰前采用烧结普通砖斜砌挤紧，其倾斜度宜为 60° 左右，砌筑砂浆应饱满。

11）切锯粉煤灰砌块应采用专用工具，不得用斧子或瓦刀等任意砍劈。

12）粉煤灰砌块墙不得留脚手眼。 |

第八章

挂瓦及地下管道排水工程的施工

第一节 挂瓦的基本方法

1. 挂瓦的施工工艺

施工工艺流程：试排瓦→弹线→挂线→座浆固瓦→绑扎铜丝→平瓦。

（1）试排瓦

根据所用瓦的规格及整个屋面的实际情况，进行准确排瓦，试排瓦要考虑阴槽流水沟宽度 120mm，第一排平瓦瓦头挑出檐边 50mm。

（2）弹线

根据已试排好的琉璃瓦进行弹线，横向线以屋檐口边线为基线，第一条线离基线距离为 125mm，其余间距为 175mm 等距离分隔；顺水方向控制线垂直于屋脊线，按已排好的瓦每 170mm 宽弹出控制线；阴槽流水沟控制按阴槽最低点，每边各 60mm 弹出控制线。

（3）挂线

根据已弹好的横向控制线及顺水方向控制线，采用建筑尼龙线进行张挂。要求横向挂双线，控制琉璃瓦向瓦口平齐及上、下口的铺贴厚度。检查顺水方向控制线控制瓦的顺直及辅助检查琉璃瓦铺贴是否有起翘现象。

（4）平瓦

平瓦施工前，应在瓦上穿好铜丝。施工时，第一行琉璃平瓦瓦头挑出檐边一定长度，采用水泥砂浆窝牢，上口铺贴厚度比下口低 10mm。根据挂线检查符合要求后，铜丝扎牢固定于结构层上的筋网上；然后从右到左，从下至上的方向进行铺贴。瓦及瓦彼此紧密搭接。铺瓦时，由两坡自下而上同时对称施工。

2. 挂瓦的施工要求

（1）屋面，檐口瓦

挂瓦次序从檐口由下到上，自左向右方向进行，檐口瓦要挑出檐口 50～70mm，瓦后爪均应挂在挂瓦条上，与左边、下边两块瓦落槽密合，随时注意瓦面、瓦楞垂直，不符合质量要求的瓦不能铺挂。为保证瓦的平整顺直，应从屋脊拉一斜线到檐口，即斜线对准屋脊第一张瓦的右下脚，顺次与第二排的第二张瓦，第三排的第三张瓦，直到檐口瓦的右下角，都在一直线上，然后由下到上依次逐张铺挂，可以达到瓦沟顺直，整齐美观。平瓦用 3cm 不锈钢木螺丝固定在挂瓦条上。瓦的搭接应顺主导风向，以防漏水。檐口瓦应铺成一条直线，天沟处的瓦要根据宽度及斜度弹线锯料。整坡瓦要平整，排列横平竖直，无翘角和张口现象。上部第一排瓦与下部第一排瓦，安装时为使施工质量更安全可靠，分别用水泥砂浆粘贴。

（2）斜脊，斜沟瓦

先将整瓦（或选择可用的缺边瓦）挂上，沟边要求搭盖宽度不小于150mm，弹出墨线，编好号码，将多余的瓦面砍去（最好用钢锯锯掉，保证锯边平直），然后按号码次序挂上，斜脊处的平瓦边按上述方法挂上，保证脊瓦搭接平瓦每边不小于40mm。斜脊、斜沟处的平瓦要保证使用部分的瓦面器具。

（3）脊瓦

挂平脊、斜脊脊瓦时，应拉通长线，铺平挂直，扣脊瓦时用1：2.5水泥砂浆铺座平实；脊瓦接口和脊瓦与平瓦间的缝隙处，要用抗裂纤维的灰浆嵌严刮平，脊瓦与平瓦的搭接每边不小于40mm；平瓦的接头口要顺主导风向；斜脊的接头口向下，即由下向上铺设，平瓦与斜脊的交界处要用麻刀灰封严。铺好的平脊和斜脊平直，无起伏现象。

第二节 下水道铺设及闭水试验方法

1. 下水道干管铺设

（1）施工准备

1）材料准备：

①水泥、砂子、碎石或卵石配备充足，材质满足要求。

②管材准备：各种管径的管材（水泥管、陶瓦管等）按规格分别堆放，并按设计要求，检查管子的强度、外观质量。管材的强度以出厂合格证为准，凡有裂缝、弯曲、圆度变形而无法承插的或承插口破损的都不能使用。

2）工具准备：除小型自带工具外，还须准备绳子、杠子、撬棒、脚手板等。

3）作业条件准备：管沟或坑槽土已挖好，垫层已完成。

（2）铺管

1）下管：先将需要铺设的管子运到基槽边，但不允许滚动到基槽边，下管时应注意管子承插口的方向。

2）就位顺序：管子的就位应从低处向高处，承插口应处于高处一端，如图 8-1 所示。

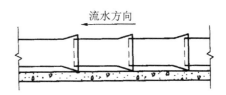

流水方向

图 8-1 管子就位顺序

3）就位：当管子到位后，应根据垫层上面弹出的管线位置对中放线，两侧可用碎砖先垫牢卡住。第一节管子应伸入窨井位置内，其伸入长度根据井壁厚度确定，一般管口离井内壁约 50mm，承插第二节管子时，应先在第一节管子的承插口下半圈内抹上一层砂浆。再插第二节管，使管口下部先有封口砂浆，以便于下一步封口操作。每节管都依此方法进行，直至该段管子铺设完成。

从第二个窨井起，每个窨井先摆上出水管，但此管暂时不窝砂浆，先做临时固定，待井壁砌到进水管底标高时，再铺进水管。

穿越窨井壁的进、出水管周围要用 1：3 水泥砂浆窝牢，嵌塞严密，并将井内、外壁与管子周围用同样砂浆抹密实。

当井壁砌完进、出水管面后，井内管子两旁要用砖块砌成半圆筒形，并用 1：2.5 水泥砂浆抹成泛水，抹好后的形状如对剖开管（俗称流槽），使水流集中，增加冲力。如果管子在窨井处直交或斜交，抹好后如剖开弯头，但弯头的外侧应向于井内，以缓冲水的离心力，有利排水。

（3）封口、窝管

1）封口。用 1：2 水泥砂浆将承插口内一圈全部填嵌密实，再在承插口处抹成环箍状。常温时应用湿草袋洒水养护，冬季应做好保温养护。

2）窝管。为了保证管道的稳固，在完成封口后，在管子两侧用混凝土填实做成斜角，叫做窝管。窝管的形状如图 8-2 所示。

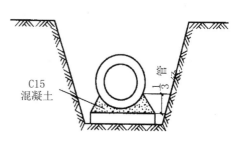

C15 混凝土

图 8-2 窝管形状

填混凝土时，注意不要损伤接口处，并应避免敲击管子。窝管完毕与封口一样养护。

2. 下水道闭水试验方法

下水道因接头多，通常分段进行试验，试验方法有如下几种：

（1）分段满灌法

将试验段相邻的上下窨井管口封闭（用砖和黏土砂浆密封和用木板衬垫橡皮圈顶紧密封），然后在两窨井之间灌水，水要高出管面（特别是进水管面），接着进行逐根检查，如有渗水现象，说明接头不严实，应即修补。

（2）送烟检查法

将试验段管子一端封闭，在另一端把点燃的杂草或稻草塞入管中，用打气筒送风，若发现某节管有冒烟现象，说明接头处不够严密，会渗水，应修补到不冒烟为止。

以上是下水道工程常用的试验方法，其他还有充气吹泡法、定压观察法等，可根据施工具体情况进行选用。管道经闭水试验修补完成后，应立即进行回填土。

在回填土时应注意，不能填入带有碎砖、石块的黏土，以免砸坏管子。回填时应在管子两侧同时进行，并用木锤捣实，但用力要均匀，以防管子移动，回填土应比原地面高出50～100mm,利于回填土下沉固结，不致形成管槽积水。

3. 质量要求

1）闭水试验合格。

2）管道的坡度符合设计要求和施工规范规定。

3）接口填嵌密实，灰口平整、光滑，养护良好。

4）接口环箍抹灰平整密实，无断裂。

第三节 窨井

1. 窨井的构造

窨井由井底座、井壁、井圈和井盖构成（图 8-3）。形状有方形与圆形两种。一般多用圆窨井，在管径大，支管多时则用方窨井。

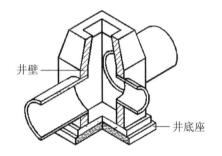

图 8-3 窨井的构造示意图

2. 窨井砌筑要点

（1）材料准备

1）普通砖、水泥、砂子、石子准备充足。

2）其他材料，如井内的爬梯铁脚，井座（铸铁、混凝土）、井盖等，均应准备好。

（2）技术准备

1）井坑的中心线已定好，直径尺寸和井底标高已复测合格。

2）井的底板已浇灌好混凝土，管道已接到井位处。

3）除一般常用的砌筑工具外，还要准备 2m 钢卷尺和铁水平尺等。

（3）井壁砌筑

1）砂浆应采用水泥砂浆，强度等级按图纸确定，稠度控制在 80～100mm，冬期施工时砂浆使用时间不超过 2h，每个台班应留设一组砂浆试块。

2）井壁一般为一砖厚（或由设计确定），方井砌筑采用一顺一丁组砌法；圆井采用全丁组砌法。井壁应同时砌筑，不得留槎；灰缝必须饱满，不得有空头缝。

3）井壁一般都要收分。砌筑时应先计算上口与底板直径之差，求出收分尺寸，确定在何层收分，然后逐皮砌筑收分到顶，并留出井座及井盖的高度。收分时一定要水平，要用水平尺经常校对，同时用卷尺检查各方向的尺寸，以免砌成椭圆井和斜井。

4）管子应先排放到井的内壁里面，不得先留洞后塞管子。要特别注意管子的下半部，一定要砌筑密实，防止渗漏。

5）从井壁底往上每 5 皮砖应放置一个铁爬梯脚蹬，梯蹬一定要安装牢固，并事先涂好防锈漆，如图 8-4 所示。

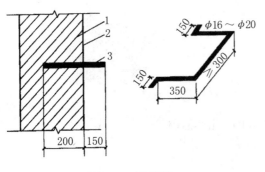

图 8-4 铁爬梯

1—砖砌体；2—井内壁；3—脚蹬

（4）井壁抹灰

在砌筑质量检查合格后，即可进行井壁内外抹灰，以达到防渗要求。

1）砂浆采用 1:2 水泥砂浆（或按设计要求的配合比配制），必要时可掺入水泥质量 3% ～ 5% 的防水粉。

2）壁内抹灰采用底、中、面三层抹灰法。底层灰厚度为 5 ～ 10mm，中层灰为 5mm，面层灰为 5mm，总厚度为 15 ～ 20mm，每层灰都应压光，一般采用五层操作法。

（5）井座与井盖

井座与井盖可用铸铁或钢筋混凝土制成。在井座安装前，测好标高水平再在井口先做一层 100 ～ 150mm 厚的混凝土封口，封口凝固后再在其上铺水泥砂浆，将铸铁井座安装好。经检查合格，在井座四周抹 1：2 水泥砂浆泛水，盖好井盖。

（6）闭水试验

在水泥砂浆达到一定强度后，经闭水试验合格，即可回填土。

（7）砌体砌筑质量要求

1）砌体上下错缝，无裂缝。
2）窨井表面抹灰无裂缝、空鼓。

第四节 化粪池

1. 化粪池的构造

化粪池由钢筋混凝土底板、隔板、顶板和砖砌墙壁组成。化粪池的埋置深度一般均大于 3m，且要在冻土层以下。它一般是由设计部门编制成标准图集，根据其容量大小编号，建造时设计人员按需要的大小对号选用。图 8-5

为化粪池的构造示意图。

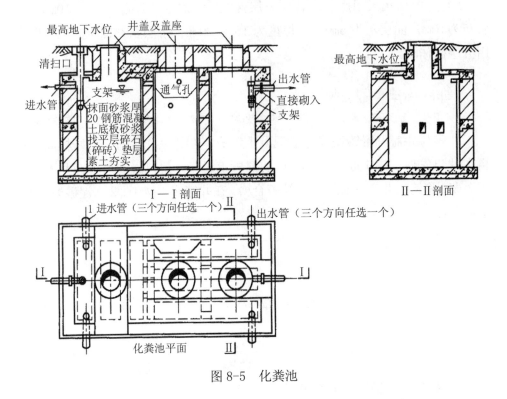

图 8-5 化粪池

---

2. 化粪池砌筑要点

（1）准备工作

1）普通砖、水泥、中砂、碎石或卵石，准备充足。

2）其他如钢筋、预制隔板、检查井盖等，均已按要求备好料。

3）基坑定位桩和定位轴线已经测定，水准标高已确定并做好标志。

4）基坑底板混凝土已浇好，并进行了化粪池池壁位置的弹线。基坑底板上无积水。

5）已立好皮数杆。

（2）池壁砌筑

1）砖应提前 1d 浇水湿润。

2）砌筑砂浆应用水泥砂浆，按设计要求的强度等级和配合比拌制。

3）一砖厚的墙可以用梅花丁或一顺一丁砌法，一砖半或二砖墙采用一顺一丁砌法。内外墙应同时砌筑，不得留槎。

4）砌筑时应先在四角盘角，随砌随检查垂直度，中间墙体拉准线控制平整度；内隔墙应与外墙同时砌筑。

5）砌筑时要注意皮数杆上预留洞的位置，确保孔洞位置的正确和化粪池使用功能。

（3）隔板安装

凡设计中要安装预制隔板的，砌筑时应在墙上留出安装隔板的槽口，隔板插入槽内后，应用 1∶3 水泥砂浆将隔板槽缝填嵌牢固，如图 8-6 所示。

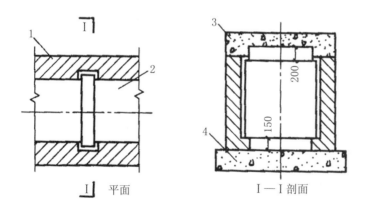

图 8-6 化粪池隔板安装

（4）池壁抹灰

化粪池墙体砌完后，即可进行墙身内外抹灰。内墙采用三层抹灰，外墙采用五层抹灰，具体做法同窨井。采用现浇盖板时，在拆模之后应进入池内检查并做好修补。

（5）浇盖顶板

抹灰完毕可在池内支撑现浇顶板模板，绑扎钢筋，经隐蔽验收后即可浇筑混凝土。顶板为预制盖板时，应用机具将盖板（板上留有检查井孔洞）根据方位在墙上垫上砂浆吊装就位。

（6）井孔砌筑

化粪池顶板上一般有检查井孔和出渣井孔，井孔要由井身砌到地面。井身的砌筑和抹灰操作同窨井。

（7）渗漏试验

化粪池本身除了污水进出的管口外，其他部位均须封闭墙体，在回填土之前，应进行抗渗试验。试验方法是将化粪池进出管口临时堵住，在池内注满水，观察有无渗漏水，经检验合格后，即可回填土。回填土时顶板及砂浆强度均应达到设计强度，以防墙体被挤压变形及顶板压裂，填土时要求每层夯实，每层可虚铺 300 ～ 400mm。

（8）化粪池砌筑质量要求

1）砖砌体上下错缝，无垂直通缝。
2）预留孔洞的位置符合设计要求。
3）化粪池砌筑的允许偏差同砌筑墙体要求。

第九章
施工质量通病及冬、雨期施工的注意事项

第一节 砌筑工程常见的质量通病及预防

1. 砂浆强度不足

预防方法：

1）一定要按试验室提供的配合比配制。

2）一定要准确计量，不能用体积比代替质量比。

3）要掌握好稠度，测定砂的含水率，不能忽稀忽稠。

4）不能用很细的砂来代替配合比中要求的中、粗砂。

5）砂浆试块要专人制作。

2. 砂浆品种混淆

预防方法：

1）加强技术交底，明确各部位砌体所用砂浆的不同要求。

2）从理论上弄清石灰和水泥的不同性质（水泥属水硬性材料，石灰属气硬性材料）。

3）弄清纯水泥砂浆砖砌体与混合砂浆砖砌体的砌体强度不同。

3. 轴线和墙中心线混淆

预防方法：

1）加强审图、学习图。

2）从理论上弄清图纸上的轴线和实际砌墙时的中心线不同概念。

3）加强施工放线工作和验收。

4. 基础标高偏差

预防方法：

1）加强基础皮数杆的检查，要使 ±0.000 在同一水平面上。

2）第一皮砖下垫层与皮数杆高度间有误差，应先用细石混凝土找平，使第一皮砖起步时都在同一水平面上。

3）控制操作的灰缝厚度，一定要对照皮数杆拉线砌筑。

5. 基础防潮层失效

预防方法：

1）要防止砌筑砂浆当防潮层砂浆使用。

2）基础墙临抹防潮层前，要清理干净，一定要浇水湿润。

3）防潮层最好在回填土工序之后，进行粉抹，以避免交错施工时损坏。

4）要防止冬期施工时，防潮层受冻而最后失效或碎断。

6. 砖砌体组砌混乱

预防方法：

1）应使工人了解砖墙砌筑形式不单是为了美观，更主要是为了满足传递荷载的需要。因此墙体中砖接缝长不得少于1/4砖长，外皮砖最多隔三皮砖就应有一层丁砖拉结"三顺一丁"。为了节约，允许使用半砖，但也应满足1/4砖长的搭接要求，对于半砖应分散砌在非主要墙体中。

2）砖柱的组砌，应根据砖柱截面和实际情况通盘考虑。

3）砖柱横、竖向灰缝的砂浆必须饱满，每砌完一层砖都要进行一次竖缝刮浆塞缝工作，以提高砌体强度。

4）墙体组砌形式的选用，根据所在部位受力性质和砖的规格、尺寸偏差而定，一面清水墙面都选用满丁满条和梅花丁的组砌方法；地震地区为增加砌体的受拉强度，可采用骑马缝的组砌方法。砖砌蓄水池应采用三顺一丁的组砌方法，双面清水墙如工业厂房维护墙、围墙等可采用三七缝组砌方法，由于一般砖长为正偏差、宽为负偏差，采用梅花丁的组砌形式，能使所砌墙的竖缝宽度均匀一致。为了不因砖的规格尺寸误差而经常变动组砌形式在同一工程中，应尽量使用同一砖厂的砖。

7. 砌体砂浆不饱满或饱满度不合格

预防方法:

1)改善砂浆的和易性,确保砂浆饱满度。

2)改进砌筑方法,取消摊尺铺灰砌筑,推广"三一"砌筑法,提倡"二三八一"砌筑法。

3)反对铺灰过长的盲目操作,禁止单砖上墙。

8. 清水墙面游丁走缝

预防方法:

1)砌清水墙之前统一摆砖,并对现场砖的尺寸进行实测,以便确定组砌方法和调整竖缝宽度。

2)摆砖时应将窗口位置引出,使砖的竖缝尽量与窗口边线相齐。如安排不开,可适当移动窗口,一般不大于2cm,当窗口宽度不符合砖的模数,如1.8m宽时,应将七分头砖留在窗口下部中央,以保持窗间墙处上下竖缝不错位。

3)游丁走缝主要是由于丁砖游动引起的,因此在砌筑时需强调丁压中及丁砖的中线与下层的中线重合。

4)砌大面积清水墙,如山墙时,在开始砌筑的几层中,沿墙角1m处用线锤吊一次竖缝的垂直度,以至少保证一步架高度有准确的垂直度。

5)沿墙面每隔一定间距在竖缝处弹墨线,墨线用经纬仪或线锤引测,当砌到一定高度,一步架或一层墙厚,将墨线向上引测,作为控制游丁走缝的基准。

9. 砖墙砌体留槎不符合规定

预防方法：

1）在安排施工操作时，对施工留槎应做统一考虑，外墙大角、纵横承重墙交接处应尽量做到同步砌筑，不留槎。以加强墙体的整体稳定性和刚度。

2）不能同步砌筑时，应按规定留踏步槎或斜槎，但不得留直槎。

3）留斜槎确有困难时，在非承重墙处可留锯齿槎，但应按规定在纵横墙灰缝中预留拉结筋，其数量每半砖不少于 $1\phi6$ 钢筋，沿高度方向间距为 500mm，埋入长度不小于 500mm，且末端应设弯钩。

10. 水平灰缝厚度不均匀超厚度

预防方法：

1）砌筑时必须按皮数杆盘角拉线砌筑。

2）改进操作方法，不要摊铺放砖的手法，要采用"三一"砌筑法中的易揉动作，使每皮砖的水平灰缝厚度一致。

3）不要用粗细不一致的混合砂拌制砂浆，砂浆和易性要好，不能忽稀忽稠。

4）勤检查十皮砖的厚度，控制在皮数杆的规定值内。

11. 构造柱处墙体留槎不符合规定，抗震筋不按规范要求设置

预防方法：

1）坚持按规定设置马牙槎，马牙槎沿高度方向的尺寸，不宜超过 300mm，即 5 皮砖。

2）设抗震筋时，应按规定沿砖墙高度每隔 500mm 设 $2\phi6$ 钢筋，钢筋每边伸入墙内不宜小于 1m。

12. 框架结构中柱边填充墙砌体留槎不符合规定，抗震筋设置不符合要求

预防方法：

1）分清框架计算中是否考虑侧移受力，查清图纸中的节点大样及说明。

2）设计中，若考虑受侧移力作用时，按规定填充墙在柱边应砌筑马牙槎，并宜先砌墙，后浇捣混凝土框架柱梁，并设置抗震钢筋，规格为 $2\phi6$、抗震钢筋间距为沿框架柱高每 500mm 间隔置放，拉筋伸入墙内长度应满足规范要求，即根据地震设置防裂度来确定长度。

3）其他情况也应设置抗震钢筋的，其数量、间距和伸入墙的长度同上条。

4）接槎是否用马牙槎可根据现场实际情况确定。

13. 内墙中心线错位

预防方法：

1）必须坚持用龙门板上中心线拉到基础位置的方法，用设置中心砖来控制，不宜用基槽内排尺的方法来解决。

2）各楼层的放线、排尺应坚持在同一侧面。

3）轴线用引锤引吊或用经纬仪引，轴线应从里层开始，防止累计误差。

14. 墙体产生竖向或横向裂缝

预防方法：

1）地基处理要按图施工，局部软弱土层一定要加固好（地基处理必须经设计单位及有关部门验收）。

2）凡构件在墙体中产生较大的局部压力处，一定要按图纸处理好。

3）必须保证保温层的厚度和质量，保温层必须按规定分隔，檐口处的保温层必须铺过墙砌体的外边线。

15. 非承重墙或框架中填充墙砌体在先浇梁，后砌墙的情况下墙顶（梁底）砌法不符合要求

预防方法：

1）在分清是否抗震设防的前提下应按规定分别处理。

2）一般情况下，墙砌体顶部、梁底应用斜砖塞紧，斜砖与墙顶及梁底的空隙应用砂浆填实。

3）在抗震设防烈度较高的地区，应设置可靠的抗震拉结筋，保证墙顶与梁有可靠的拉结。

第二节 砌筑工程的冬期施工

根据《砌体结构工程施工质量验收规范》（GB 50203-2011）规定，根据当地气象资料，当室外日平均气温连续5天稳定低于5℃时，砌体工程应采取冬期施工措施。冬期施工期限以外，当日最低气温低于0℃时，也应采取冬期施工措施。

1. 冬期施工一般规定

（1）冬期施工对原材料的基本要求

1）砖石材料（普通砖、多孔砖、空心砖、灰砂砖、混凝土小型空心砌块、

加气混凝土砌块）在砌筑前应清除表面污物及冰、霜、雪等；遇水浸泡后受冻的砖及砌块不能使用；当砌筑时的气温为0℃以上时，可以适当将砖浇水湿润。气温低于、等于0℃时不宜对砖浇水，但必须增大砂浆的稠度。除应符合上述条件外，石材表面不应有水锈。

2）胶结材料及骨料，石灰膏、黏土膏或电石膏等宜保温防冻，当遭冻结时，应经融化后方可使用；冬期施工中拌制砌筑砂浆一般宜采用普通硅酸盐水泥，不可使用无熟料水泥，不得使用无水泥拌制的砂浆；拌制砂浆的砂子不得含有冰块和直径大于10mm的冻结块。拌合砂浆时，水的温度不得超过80℃，砂的温度不得超过40℃，砂浆稠度宜较常温时适当增大。

（2）冬期施工中对砌筑砂浆的使用要求

1）冬期砌筑砂浆的性能质量要求见表9-1。

冬期砌筑砂浆性能   表9-1

项目	质量要求
强度	经过一定硬化期后达到设计规定的强度
流动性	满足砌筑要求的流动性
砂浆组成	砂浆在运输和使用时不得产生泌水、分层离析现象，保证其组分的均匀性
抗冻、防腐	应符合抗冻性、防腐性方面的设计要求
砂浆配置	不得使用无水泥配制的砂浆

2）冬期施工对砌筑砂浆的稠度要求见表9-2。

砌筑砂浆的稠度   表9-2

砌筑种类	稠度（mm）
砖砌体	80～130
人工砌的毛石砌体	40～60
振动的毛石砌体	20～30

2. 冬期施工砌筑技术要求

冬期施工的砖砌体，应采用"三一"砌筑法施工或一顺一丁或梅花丁的挑砖方法，且灰缝厚度不应超过10mm。

冬期施工中，每日砌筑后，应及时在砌体表面进行保护性覆盖，砌体表面不得留有砂浆。在继续砌筑前，应先扫净砌体表面，然后再施工。

普通砖、多孔砖和空心砖在气温高于0℃条件下砌筑时，应浇水湿润。在气温低于或等于0℃条件下砌筑时，可不浇水，但必须增大砂浆稠度10～30mm，但不宜超过130mm，以保证砂浆的粘结力。抗震设防烈度为9度的建筑物，普通砖、多孔砖和空心砖无法浇水湿润时，如无特殊措施，不得砌筑。

冬期施工时，可在砂浆中按一定比例掺入微沫剂，掺量一般为水泥用量（重量）的0.005%～0.01%。微沫剂在使用前应用水稀释均匀，水温不宜低于70℃，浓度以5%～10%为宜，并应在一周内使用完毕，以防变质，必须采用机械搅拌，拌合时间自投料起为3～5min。

基土不冻胀时，基础可在冻结的地基上砌筑；基土有冻胀时，必须在未冻的地基上砌筑。在施工时和回填土前，均应防止地基遭受冻结。

砂浆试块的留置，除应按常温规定要求外，尚应增设不少于两组与砌体同条件养护的试块，分别用于检验各龄期强度和转入常温的砂浆强度。

3. 砌体工程冬期施工法

砌体工程冬期施工可采用外加剂法或暖棚法，见表9-3所列。应优先选用外加剂法，对绝缘、装饰等有特殊要求的工程，可采用其他方法。

冬期砌筑常用的施工方法 表 9-3

施工方法	特点
蓄热法	适用于北方初冬、南方冬季，天气特点是夜间结冻，白天解冻。利用这个规律，将砂浆加热，白天砌筑。每天完工后用草帘将砌体覆盖，使砂浆的热量不易散失，保持一定温度，从而使砂浆在未受冻前获得所需强度
外加剂法	在砂浆中掺入氯盐或亚硝酸钠等盐类，如气温更低时可以掺用复盐。掺盐能使砂浆中的水降低冰点，并能在空气负温下继续增长砂浆强度，以期保证砌筑的质量
快硬砂浆法	采用快硬硅酸盐水泥砂浆，配合比为 1∶3 的快硬砂浆，并掺加 5%（占拌合水重）的氯化钠，使砂浆迅速达到所需强度
暖棚法	一般用于个别荷载很大的结构，急需要使局部砌体具有一定的强度和稳定性，以及在修缮中局部砌体需要立即恢复使用时，方可以考虑采用其中的一种方法。但这类方法费用较大，一般不宜采用
蒸汽法	
电热法	

（1）外加剂法

外加剂法是在水泥砂浆或水泥混合砂浆中，掺入一定数量的抗冻早强剂（氯盐或亚硝酸钠等），使砂浆在一定负温下不致冻结，且砂浆强度还能继续增长与砖石形成一定的粘结力，从而在砌体解冻期间不必采用临时加固措施的一种形式。

1）外加剂使用要求

氯盐应以氯化钠为主，当气温低于 -15℃ 时，也可与氯化钙复合使用。氯盐掺量应按表 9-4 选用。

掺盐量 表 9-4

氯盐及砌体材料种类		日最低气温（℃）			
		≥ -10	-11 ～ -15	-16 ～ -20	-21 ～ -25
单掺氯化钠（%）	砖、砌块	3	5	7	—
	石材	4	7	10	—

续表

氯盐及砌体材料种类		日最低气温（℃）			
		≥ -10	-11 ～ -15	-16 ～ -20	-21 ～ -25
复掺（%）	氯化钠	—	—	5	7
	氯化钙	—	—	2	3

注：氯盐以无水盐计，掺量为占拌合水质量百分比。

外加剂溶液应设专人配制，并应先配制成规定的浓度溶液置于专用容器中，然后再按规定加入搅拌机中拌制成所需砂浆。如在氯盐砂浆中复掺引气型外加剂时，应在氯盐砂浆搅拌的后期加入。砌筑时砂浆温度不应低于5℃，当设计无要求，且最低气温等于或低于 -15℃ 时，砌体的砂浆强度等级应按常温施工时提高一级。

采用氯盐砂浆时，砌体中配置的钢筋及钢预埋件，应预先做好防腐处理。

氯盐砂浆砌体施工时，每日砌筑高度不宜超过 1.2m。墙体留置的洞口，其侧边距交接处墙面不应小于 500mm。

下列情况不得采用掺氯盐的砂浆砌筑砌体：

①对装饰工程有特殊要求的建筑物。

②使用环境湿度大于 80% 的建筑物。

③配筋、钢铁埋件无可靠的防腐处理措施的砌体。

④接近高压电线的建筑物（如变电所、发电站等）。

⑤经常处于地下水位变化范围内，以及在地下未设防水层的结构。

2）外加剂法的施工工艺

①外加剂法砌筑砖石砌体应采用"三一"砌砖法进行操作，并应采用一顺一丁或梅花丁的排砖方法。

②不得大面积铺灰，以减少砂浆温度散失，并使砂浆和砖的接触面充分结合。

③砌筑时，要求灰浆饱满，灰缝厚薄均匀，水平灰缝和垂直缝的厚度和宽度应控制在 8 ～ 10mm。

④当必须留置临时间断处时应砌成斜槎。

⑤砌体表面不应铺设砂浆层，宜采用保温材料加以覆盖；继续施工前，应先用扫帚扫净砖面，然后再施工。

（2）其他方法

砌体工程的冬期施工除常用外加剂法和冻结法外，尚可选用暖棚法、蓄热法、电加热法、蒸汽加热法和快硬砂浆法等施工方法。

1）暖棚法

暖棚法是将被养护的砌体临时置于搭设的棚中，内部设置散热器、排管、电热器或火炉等加热棚内空气，使砌体处于正温条件下砌筑和养护的方法。

采用暖棚法要求棚内最低温度不得低于5℃，距离所砌结构底面0.5m处的棚内温度也不低于5℃，故应经常采用热风装置进行加热。由于搭暖棚需要消耗大量的材料、人工和能源，所以暖棚法成本高，效率低，一般不宜采用。

暖棚法适用于地下工程、基础工程、局部修复工程以及量小又急需砌筑使用的砌体结构。

砌体在暖棚内的养护时间应根据暖棚内的温度确定，并应符合表9-5规定。

暖棚法砌体养护时间			表9-5	
暖棚内温度（℃）	5	10	15	20
养护时间（d）	≥6	≥5	≥4	≥3

2）蓄热法

蓄热法是在施工过程中先将水和砂加热，使拌合后的砂浆在上墙时保持一定正温，以推迟冻结的时间，在一个施工段内的墙体砌筑完毕后，立即用保温材料覆盖其表面，使砌体中的砂浆在正温下达到其强度的20%。蓄热法可用于冬期气温不太低的地区（温度在-5℃～0℃），以及寒冷地区初冬或初春季节。特别适用地下结构。

3）电热法

电热法是在砂浆内通过低压电流，使电能变为热能，产生热量以对砌体进行加热从而加速砂浆的硬化。电热法的温度不宜超过40℃。电热法要消耗很多电能，并需要一定的设备，故工程的附加费用较高。

该法仅用于修缮工程中局部砌体需立即恢复到使用功能和不能采用冻结法或外加剂法的结构部位。

4）快硬砂浆法

快硬砂浆法是用快硬硅酸盐水泥（75%的普通硅酸盐水泥及25%的矾土水泥）和加热的水及砂拌合制成的快硬砂浆，在受冻前能比普通砂浆获得更高的强度。

该法适用于热工要求高，湿度大于80%及接触高压输电线路和配筋的砌体。

5）蒸汽加热法

蒸汽加热法是利用蒸汽对砌体进行均匀地加热，使砌体得到适宜的温度和湿度，砂浆加快凝结与硬化。由于蒸汽加热法在实际施工过程中需要模板和其他有关材料，施工复杂，成本较高，功效较低，工期过长，故只有当蓄热法或其他方法不能满足施工要求和设计要求时方可采用。

第三节 砌筑工程的雨期施工

1．砌体工程雨期施工要求

1）砖在雨期必须集中堆放，以便用塑料薄膜、竹席等覆盖，且不宜浇水。砌墙时要求干湿砖块合理搭配。砖湿度过大时不可上墙，砌筑高度不宜超过1.2m。

2）砌筑施工遇大雨必须停工。砌砖收工时应在砖墙顶盖一层干砖，避免大雨冲刷灰浆。搅拌砂浆用砂，宜用中粗砂，因为中粗砂拌制的砂浆收缩变形小。另外，要减少砂浆用水量，防止砂浆使用中变稀。大雨过后受雨冲刷过的新砌墙体应翻动最上面两皮砖。

3）稳定性较差的窗间墙、独立砖柱，应加设临时支撑或及时浇筑圈梁，以增加砌体的稳定性。

4）砌体施工时，内外墙要尽量同时砌筑；并注意转角及丁字墙间的连接要同时跟上，同时要适当地缩小砌体的水平灰缝，减少砌体的压缩变形，其水平灰缝宜控制在 8mm 左右。遇台风时，应在与风向相反的方向加临时支撑，以保证墙体的稳定。

5）雨后继续施工，必须复核已完工砌体的垂直度和标高。

2. 雨期施工工艺

砌筑方法宜采用"铺浆法"和"三一法"。采用"铺浆法"时铺浆的长度不宜太大，以免受到雨水冲淋；采用"三一法"时，每天的砌筑高度应限制在 1.2m 以内，以减少砌体倾斜的可能性。必要时可将墙体两面用夹板支撑加固。

根据雨期长短及工程实际情况，可搭活动的防雨棚，随砌筑位置变动而搬动。若有小雨时，可不必采取此措施。

收工时在墙上盖一层砖，并用草帘加以覆盖，以免雨水将砂浆冲掉。

3. 雨期施工安全措施

雨期施工时，脚手架等应增设防滑设施，金属脚手架和高耸设备应有防雷接地设施。在梅雨季节，露天施工人员易受寒，要备好姜汤和药物。

参考文献

[1] 中华人民共和国国家标准. GB 50203-2011 砌筑结构工程施工质量验收规范 [S]. 北京：中国建筑工业出版社，2011.

[2] 中华人民共和国国家标准. GB 50300-2013 建筑工程施工质量验收统一标准 [S]. 北京：中国建筑工业出版社，2013.

[3] 中华人民共和国国家标准. GB 50207-2012 屋面工程质量验收规范 [S]. 北京：中国建筑工业出版社，2012.

[4] 中华人民共和国国家标准. GB 2893-2008 安全色 [S]. 北京：中国标准出版社，2008.

[5] 中华人民共和国国家标准. GB 2894-2008 安全标志 [S]. 北京：中国标准出版社，2008.

[6] 朱敏. 砌筑工 [M]. 北京：中国环境科学出版社，2011.

[7] 闫晨. 砌筑工 [M]. 北京：中国铁道出版社，2012.

[8] 周海涛. 砌筑工基本技能 [M]. 北京：中国劳动社会保障出版社，2012.

[9] 郭自灿，张敏华. 砌筑工 [M]. 武汉：武汉理工大学出版社，2012.

[10] 韩洪彬. 砌筑工 [M]. 重庆：重庆大学出版社，2008.